Frank Kuschel

ZERRISSENE WISSENSCHAFT

FRANK KUSCHEL

ZERRISSENE WISSENSCHAFT

KARL LOTHAR WOLF IN DER CHEMIE DES 20. JAHRHUNDERTS

BERLIN 2026

GNT PUBLISHING

Bibliografische Information der Deutschen Nationalbibliothek
Die Deutsche Nationalbibliothek verzeichnet diese Publikation in der Deutschen Nationalbibliografie; detaillierte bibliografische Daten sind im Internet über › <dnb.dnb.de> abrufbar.

Begleitmaterial und Farbabbildungen
› <gnt-verlag.de/1147>

Umschlagabbildungen
Cover: Karl Lothar Wolf 1940 im Hörsaal des Chemischen Instituts, s. Abb. 5.5.
Backcover: Wolfs Institut für Physik und Chemie der Grenzflächen im nordpfälzischen Marienthal, s. Abb. 6.2.

Lektorat
GNT Publishing GmbH, Lasiuszeile 2, 13585 Berlin, Germany › <gnt-verlag.de>

Layout und Satz
David Görzig, Berlin

Druck und buchbinderische Verarbeitung
Overprintas GmbH, Blindžių g. 7, 08111 Vilnius, Lietuva

1. Auflage 2026

ISBN 978-3-86225-147-6 (Hardcover)
ISBN 978-3-86225-576-4 (E-Book / PDF)
› <doi.org/10.47261/1576>

Inhaltsverzeichnis

Vorbemerkung

*„Jeder Mensch
ist sich selber unterlegen.“*

— Kurt Tucholsky[1]

Dieses Buch möchte am Beispiel eines Hochschullehrers einen bescheidenen Beitrag zur sogenannten Erinnerungskultur leisten. Der Protagonist, ein anerkannter Physikochemiker, war der Prototyp eines Menschen, der sich in der NS-Zeit dem Spannungsverhältnis zwischen dem arrivierten Wissenschaftler und dem ideologischen Opportunisten bewusst hingab.

Im Mittelpunkt der Betrachtungen steht ein Hochschullehrer, dessen Leben und Wirken gleichermaßen von Ehrgeiz, Tatendrang und Unrast geprägt war. Gleichzeitig vertrat er umstrittene Thesen und nutzte politische Kontakte zur Durchsetzung seiner Interessen. Es ist die Rede von Karl Lothar Wolf, geboren am 14. Februar 1901 im rheinpfälzischen Kirchheimbolanden als Sohn eines Postbeamten. Wolf galt als durchaus anerkannter Physikochemiker, zugleich jedoch auch als ein umstrittener, dem Nationalsozialismus zugewandter Naturwissenschaftler und Hochschullehrer. Diese Biographie beschäftigt sich mit einem Mann, der einerseits beachtliche Leistungen als engagierter Forscher, akademischer Lehrer, Autor und Herausgeber hervorbrachte und der andererseits ausgesprochen problematische, weltanschauliche und politische Haltungen offensiv und streitbar vertrat.

Akademische Schüler und ehemalige Mitarbeiter Wolfs hatten ihren Lehrer und Institutsdirektor als ehrgeizigen, wissenschaftlich wie organisatorisch sehr aktiven und keineswegs konfliktscheuen Kettenraucher in Erinnerung.[2] Rückblickend erscheint es tragisch, wie sich ein fachlich stark engagierter Wissenschaftler, im Gegensatz zu etlichen seiner Zeitgenossen und Fachkollegen, durch zweifelhafte Überzeugungen, tadelnswerte Engagements und herausforderndes Agieren um uneingeschränkte Anerkennung gebracht hat.

Die historische Bewertung derartiger, mehr oder weniger stark nationalsozialistisch kontaminierter Biographien erfolgte je nach zeitlichem Abstand zu 1945 auf unterschiedliche Weise. In der frühen Nachkriegszeit überwog die Herausstellung der wissenschaftlichen Meriten unter weitgehender Ausblendung fragwürdiger Verstrickungen. Später wurde viel kritischer hinterfragt und dabei gelegentlich über das Ziel hinausgeschossen. Im vorliegenden Buch soll beides vermieden werden.

In neueren Publikationen wird Karl Lothar Wolf mehrfach als einer der führenden Vertreter der „Deutschen Chemie“ apostrophiert. Einige dieser Zuschreibungen sind vermutlich aus einer selektiven Sicht ohne umfassendere Betrachtung seines Lebens und seiner wissenschaftlichen Verdienste entstanden. Diese Lücke möchte die vorliegende Biographie schließen. Am Ende soll ein eigenes Urteil möglich sein.

Um dem Habitus Wolfs gerecht zu werden, wäre eine Bibliographie seiner Schriften angebracht gewesen. Das allerdings würde der Intention dieses Abrisses nicht entsprechen. Wer sich für dieses Thema interessiert, findet darin sicher noch genügend Hinweise, um tiefer in Wolfs Leben und Wirken eintauchen zu können.

Anmerkungen

1 Hauser 1931, 890.

2 Metzger, Sackmann 1963 – 1978.

1 Eine rastlose Karriere

› <https://doi.org/10.47261/1576-1>

Die außergewöhnliche Unrast von Karl Lothar Wolf zeigte sich besonders im häufigen Wechsel seiner Lebensstationen. Die Schulbildung erhielt er in seiner pfälzischen Geburtsstadt Kirchheimbolanden und in Neustadt an der Haardt (heute Neustadt an der Weinstraße), die 1920 mit dem Reifezeugnis abgeschlossen wurde. Von 1920 bis 1925 studierte der Abiturient Mathematik, Chemie und Physik in Bonn, Gießen und Heidelberg, sowie zuletzt in München, wo er 1926 promoviert wurde. Anschließend war Wolf bis April 1927 in Potsdam als Assistent am Astrophysikalischen Observatorium im Einsteinturm auf dem Telegrafenberg tätig.

Der weitere Berufsweg führte ihn an das Chemische Institut der Universität Königsberg, wo er im Januar 1928 habilitiert wurde und bis April 1929 eine planmäßige Assistentenstelle innehatte. Diese Zeit wurde im Wintersemester 1928/29 durch einen Lehrauftrag für Physikalische Chemie an der Christian-Albrechts-Universität Kiel unterbrochen. Von April 1929 bis September 1930 leitete Wolf dann eine Abteilung am Institut für Physikalische Chemie und Elektrochemie an der Technischen Hochschule Karlsruhe. Darauf folgte im Juli 1930 eine ordentliche Professur und im Jahr 1933 die Ernennung zum Direktor des Instituts für Physikalische Chemie der Universität Kiel. Nach einer 1936 vom Berliner Ministerium veranlassten Versetzung von Kiel an die Universität Würzburg hatte er dort eine Lehrstuhlvertretung wahrzunehmen. Anschließend erhielt Wolf einen Ruf an die Martin-Luther-Universität Halle-Wittenberg. Dort wurde ihm ab dem 1. Oktober 1937 zunächst die Wahrnehmung des Lehrstuhls für Physikalische Chemie übertragen. Im April 1938 folgten schließlich die Berufung auf ein planmäßiges Extraordinariat und die Ernennung zum Institutsdirektor. Nach Kriegsende wurde er im Sommer 1945 mit dem sogenannten „Abderhalden-Transport" in den Westen Deutschlands zwangsevakuiert, um mit dem Abzug der Amerikaner aus Mitteldeutschland das wissenschaftliche Potenzial der Region nicht den nachrückenden Sowjets zu überlassen.

Die zweieinhalb Jahrzehnte bis zu seinem Tod am 3. Februar 1969 verbrachte Wolf überwiegend in seiner Heimatstadt Kirchheimbolanden, zunächst als Gymnasiallehrer. Schließlich gründete der inzwischen Entnazifizierte im nahegelegenen Marienthal ein eigenes Forschungsinstitut.

Die häufigen Ortswechsel, die in mindestens einem Fall (von Kiel nach Würzburg) durch „Versetzung“ notwendig geworden waren, dürften für die große Wolf-Familie, in der 1940 das fünfte Kind zur Welt kam, mit vielen Unannehmlichkeiten verbunden gewesen sein. Und auch während der acht Dienstjahre in Halle hatte ihn sein Hang zur überregionalen Unstetigkeit nicht verlassen, was häufig zu intensiven Auseinandersetzungen mit den Universitätskuratoren und mit dem Berliner Ministerium um Reisegelderstattungen führte.[1] Allerdings ermöglichte diese Rastlosigkeit das Knüpfen vieler neuer Kontakte und das Installieren wertvoller wissenschaftlicher und publizistischer Kooperationen.

Anmerkungen

1 UAHW Personalakten: Karl Lothar Wolf.

2 Lehr- und Wanderjahre 1925 – 1930

› <https://doi.org/10.47261/1576-2>

Karl Lothar Wolf promovierte 1926 an der Ludwig-Maximilians-Universität München mit einer Dissertation unter dem Titel „Prüfung der klassischen Dispersionsformel" in der von Arnold Sommerfeld geleiteten theoretischen Physik. Der bereits weithin berühmte Sommerfeld hatte offenbar die Betreuung von Wolfs Arbeit seinem Privatdozenten Karl Friedrich Herzfeld überlassen, dem der Promovierte ausdrücklich für „Anregung und dauernden Rat" dankte. Die Dissertation bestand aus Sonderdrucken zweier Publikationen, die bereits zuvor in den *Annalen für Physik* erschienen waren – dabei wurden die Autorennamen weggelassen.[1] Im Hinblick auf die späteren weltanschaulich-politischen Haltungen Wolfs sei hier festgehalten, dass sein Betreuer und Förderer einer „recently assimilated jewish family" entstammte.[2] Herzfeld übersiedelte 1926 in die USA, wurde dort ein weltberühmter Quantenphysiker, und entging damit rechtzeitig der Judenverfolgung in Deutschland. Fachlich befruchtend wird in München auch die Nähe zur Physikalischen Chemie gewirkt haben, denn dort arbeitete Kasimir Fajans als Ordinarius sehr erfolgreich auf dem Gebiet der heteropolaren Salze. An Salzen dieser Art hatten Herzfeld und Wolf Dispersionsuntersuchungen angestellt.[3] Auch Fajans war Jude, weshalb er 1935 die Universität München verlassen musste.

In den zwei Jahren, die Wolf im Einsteinturm auf dem Telegrafenberg in Potsdam verbrachte, muss es genügend Gelegenheiten gegeben haben, sich in das Gebiet der Lichtdispersion zu vertiefen und seine sowie die Beiträge Herzfelds publizistisch zu verwerten.

Mehr als die Zeit in Potsdam müssen die beiden folgenden Jahre, in denen er am Chemischen Institut der Universität Königsberg als Assistent und zuletzt als Privatdozent tätig war, seinen weiteren Fortbildungsweg beeinflusst haben. Sein damaliger Chef, der Ordinarius für Organische Chemie Hans Meerwein, verkörperte den Typus des ausgezeichneten Wissenschaftlers mit einer sich ab 1933 deutlich artikulierenden Sympathie für den Nationalsozialismus. Diese ambivalente Gesinnung hinterließ bei dem jungen Assistenten, der sich im Januar 1928 „für physikalische Chemie" habilitierte, sicher prägende Spuren. Im gleichen Jahr promovierte Werner Lautsch in Königsberg zum Thema „Molekulare Lichtstreuung".[4] Auch wegen der verwandten Arbeitsgebiete werden sich die beiden jungen Wissenschaftler gekannt haben, und es ist anzunehmen, dass Lautsch später einem Rat Wolfs folgte und ab 1947 an der Universität Halle-Wittenberg einen Lehrauftrag erhielt. In diesen Königsberger Jahren werden sicherlich auch die Kontakte Wolfs zu Herbert Arthur Stuart zustande gekommen sein. Der Schweizer Physiker hatte sich, ähnlich wie Wolf, mit der Abhängigkeit optischer Eigenschaften vom Molekülbau beschäftigt.[5]

Aufgefallen ist eine Publikation, in der das Problem der „Gestalt" des Kohlendioxidmoleküls (der „Kohlensäuremolekel") erörtert wurde.[6] Dazu verglich Wolf Befunde und Schlussfolgerungen verschiedener Autoren mit den Ergebnissen eigener Dispersions- und IR-Spektroskopieuntersuchungen. Im Gegensatz zu dem viel umfassenderen Gestaltbegriff, den er etwa zehn Jahre später übernahm und leidenschaftlich verfolgte, verstand er unter Gestalt vorerst nichts anderes als „Form". Er hatte sich in dieser Zeit noch nicht von der universalen Naturanschauung Goethes und von der elitären Gedankenwelt des Lyrikers Stefan George beeindrucken lassen.

Für das Wintersemester 1928 / 29, noch während seiner Zeit in Königsberg, wurde Wolf mit der Vertretung des Faches Physikalische Chemie an der Universität Kiel beauftragt. Im April 1929 übersiedelte er nach Karlsruhe, wo er bis Oktober 1930 als Abteilungsleiter am Institut für physikalische Chemie und Elektrochemie der Technischen Hochschule tätig war. In diese Zeit fällt auch die Zusammenarbeit mit Günther Briegleb. Er hatte in Kiel studiert und promoviert und fand ab 1929 eine Anstellung als Assistent bei dem weithin anerkannten Physikochemiker und Katalyseforscher Georg Bredig.[7]

Insgesamt ist der Zeitabschnitt zwischen 1925 und 1930 für Karl Lothar Wolf als eine wissenschaftlich und publizistisch außerordentlich produktive Periode anzusehen.

Anmerkungen

1 Herzfeld, Wolf 1925a; Herzfeld, Wolf 1925b; Wolf 1926.

2 Mulligan 2001.

3 Herzfeld, Wolf 1925b.

4 Lautsch 1928.

5 Wolf, Briegleb, Stuart 1929.

6 Wolf 1927.

7 Wolf, Briegleb, Stuart 1929.

3 Kieler Jahre: Aufstieg und Anpassung 1930 – 1936

Zerrissene Wissenschaft. Der Physikochemiker Karl Lothar Wolf (1901 – 1969) in der Chemie des 20. Jahrhunderts.
› <https://doi.org/10.47261/1576-3>

3.1 Politischer Wandel und Wissenschaft in Kiel

Das Jahr 1930 markierte für Wolf den Einstieg in einen wissenschaftlich, politisch-weltanschaulich und gesellschaftlich formenden Lebensabschnitt, der durch die zeitgenössischen Ereignisse – Verfall der Weimarer Republik und Etablierung der nationalsozialistischen Herrschaft – wesentlich beeinflusst wurde. Die entscheidende Wirkung dieser Entwicklung bestand in einer unzweideutigen Hinwendung des ehrgeizigen Chemikers zum Nationalsozialismus.

Der Versuch, diese Hinwendung nachzuvollziehen, erfordert den Hintergrund der generellen politischen, besonders aber der kultur- und wissenschaftspolitischen Entwicklung in Deutschland, wie sie sich bis 1933 vollzog, ins Licht zu setzen. Die Geschichte hat gezeigt, dass Wolf in diesen Zusammenhängen nicht als singulärer Fall, sondern als Prototyp einer großen Zahl ehrgeiziger Intellektueller seiner Generation verstanden werden muss.

Kultur und Wissenschaft waren in Deutschland in den 1920er Jahren, trotz erheblicher politischer und wirtschaftlicher Wirren, in relativ ruhiges Fahrwasser gelangt. Die Monarchie war Vergangenheit, die Machtübernahme extremer politischer Nachfolgesysteme konnte zunächst verhindert werden, und der abgestandene Geist Preußens stieß in den Salons, Ateliers und Universitäten verstärkt auf liberales, weltoffenes Denken und Handeln. Der Artikel 142 der Weimarer Verfassung – „Die Kunst, die Wissenschaft und ihre Lehre sind frei. Der Staat gewährt ihren Schutz und nimmt an ihrer Pflege teil“ – bot dafür das legislative Fundament. Was sich schon in den Vorkriegsjahren präformiert hatte, konnte jetzt zur Entfaltung kommen und endlich wieder grenzüberschreitende Beachtung finden. Die Avantgarde in Literatur und Kunst, die Surrealisten, die Anpassungsunwilligen überhaupt, konnten sich finden, ihre Ideen verwirklichen und verdienten ihr Brot, selbst wenn es manchmal nur trockenes war. Zu erinnern ist beispielhaft an die deutschen Maler-Expressionisten, die Bauhaus-Akteure, die Objektkünstler, die progressiven Filmemacher, das linksorientierte sozialkritische Theater, die Zwölftonmusik und vieles mehr.

Auch Wissenschaft und Technik erlebten einen beispiellosen Aufschwung. In der Chemie und in der Physik war das besonders augenfällig: Von den in der ersten Hälfte des 20. Jahrhunderts an deutsche Chemiker vergebenen Nobelpreisen entfielen auf die 15 Jahre nach 1918 neun von 20 Auszeichnungen. Und in der Physik waren es sechs von elf Verleihungen. Diese günstige Entwicklung erfasste im Speziellen auch die Physikalische Chemie, erkennbar an der auf das Sechsfache gestiegenen Zahl der in der *Zeitschrift für Physikalische Chemie* erschienen Arbeiten.[1]

Dieser positive Trend erfasste auch die Universität Kiel, die schon vor dem Ersten Weltkrieg zu den angesehensten Hochschulen Deutschlands zählte.[2] Trotz politischer Wirren (Kieler Matrosenaufstand) und einer nationalkonservativen Grundstimmung konnte dieser gute Ruf in der Nachkriegszeit bewahrt werden. So stieg die Zahl der Studenten von 2033 (1920/21) auf 2746 (1930/31). Und im Chemischen Institut wirkten in dieser Zeit unter anderem Otto Diels und Kurt Alder, deren Entdeckung eines neuen Syntheseweges („Diels-Alder-Cycloaddition") 1950 durch die Nobelpreisverleihung gewürdigt wurde. Auch der ordentliche Professor für Chemie Otto Mumm gehörte zum Lehrkörper. Vermutlich einer Empfehlung Wolfs folgend, übernahm Mumm 1945, kurz nach Kriegsende und seiner Entbindung von Amtspflichten in Kiel,[3] eine Gastprofessur an der Universität Halle.[4]

Äußerlich betrachtet lieferten Kultur und Wissenschaft eigentlich keinen hinreichenden Grund, die Weimarer Republik letztendlich zum Einsturz zu bringen und durch ein totalitäres System zu ersetzen. Auf einem anderen Blatt standen jedoch die politische Indifferenz, meist sogar die offene Aversion großer Teile der bürgerlichen Elite gegen die Weimarer Demokratie. Bei der „Mehrheit der bürgerlichen Eliten und der Akademikerschaft der zwanziger Jahre" war „die Ablehnung von Versailles und die innere Reserve gegenüber der demokratischen Republik von Weimar" stark ausgeprägt.[5] Und der Historiker Wolfgang J. Mommsen meint weiter:

> „Unter diesen Voraussetzungen waren die deutsche wissenschaftliche Gemeinschaft und ihre Spitzeninstitutionen, die Akademien, intellektuell nicht mehr dafür gerüstet, den Zumutungen und Herausforderungen des Nationalsozialismus erfolgreich zu widerstehen."

Das lag vor allem an der traditionellen Polarisierung zwischen einem konservativ-nationalistischen und einem progressiv-demokratischen Gesellschafts- und Kulturverständnis, welches gegen 1933 hin auch die

Wissenschaftlergemeinschaft zunehmend durchsetzt hatte. Die neuen Machthaber wussten sehr bald, wer, insbesondere bei Inaussichtstellung von Belohnungen, auf ihrer Seite stehen würde. Dagegen hatte die progressiv-liberale, intellektuelle Elite im „neuen Reich" nichts Gutes zu erwarten. Denn ihr gesellschaftspolitisch eher antiautoritär, weltoffen und links orientierter Habitus war den neuen Machthabern ein Dorn im Auge. Den nationalsozialistischen Autoritäten konnte freilich nicht nachgesagt werden, ihr Programm nicht von Anfang an deutlich propagiert zu haben.

Abgesehen von Veröffentlichungen und spärlichen persönlichen Mitteilungen, etwa aus Bewerbungsunterlagen, lassen sich aus den für die Zeit bis 1930 auffindbaren Dokumenten kaum Rückschlüsse auf die geistig-seelische Verfassung und auf weltanschaulich-politische Präferenzen Wolfs ziehen. Glücklicherweise änderte sich das mit seiner ab 1. Oktober 1930 wirksamen Ernennung zum Abteilungsvorsteher am Chemischen Institut und zum ordentlichen Professor in der Philosophischen Fakultät der Christian-Albrechts-Universität Kiel.

Das zugehörige Ernennungsschreiben des Ministers[6] enthielt freilich zwei problematische Passagen. Zum einen wird darin der Ernannte ersucht, „von dem Herrn Direktor [des Chemischen Instituts] die erforderlichen Anweisungen für Ihre Dienstobliegenheiten entgegenzunehmen." Der Herr Direktor aber war kein geringerer als der spätere Nobelpreisträger Otto Diels. Diese Order dürfte für den recht eigenwilligen Professor nicht gerade ein erwärmender Willkommensgruß gewesen sein. Als viel bedeutsamer und insbesondere später in Halle permanente Auseinandersetzungen auslösend erwies sich der Hinweis, dass ihm ein persönliches Ordinariat übertragen worden sei. Denn das persönliche Ordinariat war in der damaligen akademischen Hierarchie, insbesondere bezüglich der Dotierung, unterhalb des planmäßigen Ordinariats angesiedelt.

Die physikalisch-chemische Abteilung des Chemischen Instituts war bis zu seinem Tod von dem außerordentlichen Professor Gerhard Preuner geleitet worden, dessen Interessen im Bereich von Thermodynamik und Thermochemie angesiedelt waren. Zu seinen Schülern zählte auch Günther Briegleb, der 1929 in Kiel promoviert hatte. Für Wolf war die Abteilung in Kiel durch seine vorangegangene, vertretungsweise Tätigkeit im Wintersemester 1928/29 kein Neuland.

Abb. 3.1. Das Institut für Physikalische Chemie und Elektrochemie der Universität Kiel im Gebäude Gutenbergstraße 76 (1935). Links davor der später errichtete Anschlusstrakt zum Erweiterungsbau für das Pharmazeutische Institut (1965).

Wolf und die physikalisch-chemische Abteilung waren 1930 im Chemischen Institut der Kieler Universität in der Brunswiker Straße 28 beheimatet. Das aus der Abteilung hervorgegangene Institut für Physikalische Chemie und Elektrochemie konnte etwas später umziehen und einen Teil des in der Gutenbergstraße 76 untergebrachten Pharmazeutischen Instituts nutzen (**Abb. 3.1.**). Wie der Kieler Stadtplan von 1945 zeigt, hatte dieses vierstöckige Haus als eines der ganz wenigen Gebäude die massiven Bombardierungen der Stadt überstanden.

Der neue Abteilungsvorsteher musste sich zuerst um den akademischen Unterricht kümmern. Sein Lehrangebot hatte die damals bewährte Struktur: Grundvorlesungen, Übungen, Praktika und Seminare, überwiegend privatim und gegen Unterrichtsgeld. Die Grundvorlesungen enthielten Demonstrationen, und es wurden Experimente vorgeführt. Aus Erfahrung und wohl auch aus Überzeugung maß er der Lehre eine große Bedeutung bei.

In Verfolgung eines schon länger gehegten Wunsches bat er 1934 in einem Brief an den Minister, seinen Lehrauftrag um die „Geschichte der exakten Naturwissenschaften" zu erweitern.[7] Zur Begründung führte er an, dass es notwendig sei „in Wissenschaft wie in Unterricht wieder die Bedeutung schöpferischer Kräfte für die Gestaltung einer produktiven Wissenschaft sichtbar zu machen." Und in einer bei ihm immer häufiger zu beobachtenden Unbescheidenheit schlug er des Weiteren vor, diesen Lehrabschnitt als Prüfungsfach in der Philosophischen Fakultät einzuführen. Was dann freilich abschlägig beschieden wurde. Das Kapitel „Geschichte der Naturwissenschaften" blieb aber stets einer der Interessenschwerpunkte Wolfs, worauf später zurückzukommen sein wird.

In den Jahren zwischen 1930 und 1933 war das gesellschaftliche Klima an der Kieler Universität durch ausufernde politische Spannungen, die vor allem vom aggressiven NS-Studentenbund und seinen Unterstützern ausgingen, geprägt worden. Immer häufiger führte diese Entwicklung zu psychischem Terror und Denunziation. Das war die Ouvertüre für die ab Februar 1933 einsetzende Vertreibung zahlreicher Hochschullehrer aus politischen oder rassistischen Gründen.[8] Der Startschuss für dieses Verhängnis war die Ernennung Hitlers zum Reichskanzler, ein besonders in Kiel mit großer Euphorie gefeiertes Ereignis.[9] Die gravierenden wissenschaftlichen und personellen Konsequenzen, die diese Vorgänge auslösten, hat der Historiker Karl Dietrich Erdmann eingehend beschrieben.[10]

Offenbar bedenkenlos erkannte auch Wolf die sich plötzlich eröffnenden, verheißungsvollen Perspektiven. Von welchen Motiven ließ er sich für seine überdurchschnittlich starke NS-Affinität leiten? Geschah es vor allem aus innerer Überzeugung, in der eine prinzipielle, konservativ-nationalistische Sicht dominierte, oder aus temporären opportunistischen Erwägungen, die von einem unstillbaren Anerkennungsbedürfnis und von Karrierismus geleitet wurden? Womöglich haben sich beide Motive wechselseitig ergänzt. Wolfs Entlastungs- und Reinwaschungsversuche nach 1945 haben eher den Vorwurf des Opportunismus nachträglich erhärtet.

Das Jahr 1934 bot für Wolf die Gelegenheit, in die Liga der namhaften Vertreter der Physikalischen Chemie in Deutschland aufzusteigen, indem er bis 1941 an der Herausgabe der ab 1928 in zwei Teilen A und B

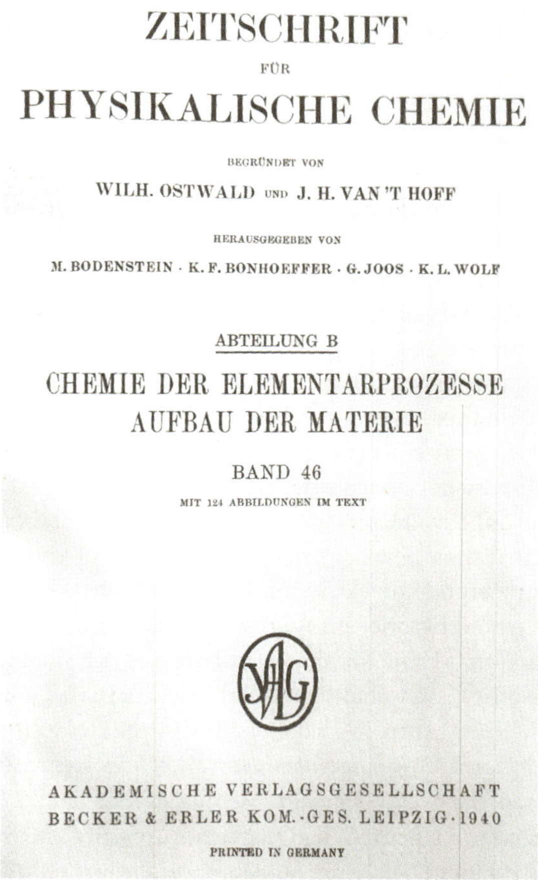
ZEITSCHRIFT

FÜR

PHYSIKALISCHE CHEMIE

BEGRÜNDET VON

WILH. OSTWALD UND J. H. VAN 'T HOFF

HERAUSGEGEBEN VON

M. BODENSTEIN · K. F. BONHOEFFER · G. JOOS · K. L. WOLF

ABTEILUNG B

CHEMIE DER ELEMENTARPROZESSE
AUFBAU DER MATERIE

BAND 46

MIT 124 ABBILDUNGEN IM TEXT

AKADEMISCHE VERLAGSGESELLSCHAFT
BECKER & ERLER KOM.-GES. LEIPZIG · 1940

PRINTED IN GERMANY

Abb. 3.2. Das Titelblatt der *Zeitschrift für Physikalische Chemie, Abt. B*, in Konkurrenz zum Analogon, Abt. A.

erschienen *Zeitschrift für Physikalische Chemie* beteiligt war (**Abb. 3.2.**). Zu den Editoren gehörten schließlich noch die Fachgrößen Max Bodenstein, Karl-Friedrich Bonhoeffer und Georg Joos.[11] Die Neuformierung von Herausgabe und Schriftleitung war auch deshalb angezeigt, weil die bisher Mitwirkenden, Carl Drucker und Franz Simon, aus politischen Gründen Deutschland verlassen hatten.

Ein stringentes Beispiel für Wolfs Auffassung von Wissenschaft und Politik stellt sein an den Minister gerichtetes Gutachten vom 23. März 1935 dar.[12] Das Pamphlet ist direkt gegen die vom jüdischen Physiker Arnold Berliner im Springer-Verlag herausgegebene Zeitschrift *Die Naturwissenschaften* gerichtet. Wolfs Vorhaltungen: Den meisten Naturwissenschaftlern fehle das Verständnis für die völkische Erziehung und weltanschauliche Unterbauung im naturwissenschaftlichen Unterricht. Seit langem sei die von Berliner betreute Zeitschrift *Die Naturwissenschaften* jedem Einsichtigen bekannt als Bannerträger des reinsten internationalen und rasselosen Positivismus. Im Hintergrund stehe die zweifellos unanständige, von jüdischer und kommunistischer Seite betriebene Reklame für Einstein. An anderer Stelle wird mit Hinweis auf eine Publikation zur „Überalterung des Volkskörpers" zynische Sabotage der Eugenik beklagt. Insgesamt übe diese Zeitschrift eine unheilvolle, zersetzende Wirkung aus, indem sie mit seelenlosem Intellektualismus bewusst jeder völkischen Kultur entgegenarbeite.

Wolfs denunzierende Invektive fand in Berlin zweifaches Gehör. Zum einen wurde Arnold Berliner im August 1935 als Herausgeber der *Naturwissenschaften* durch Hans Matthée, den Direktor der Staatlichen Hauptstelle für den Naturwissenschaftlichen Unterricht in Berlin, abgelöst.[13] Zum anderen erschien im April 1935 die erste Ausgabe der *Zeitschrift für die gesamte Naturwissenschaft einschließlich Naturphilosophie und Geschichte der Naturwissenschaft und Medizin*. Herausgegeben wurde dieses neue Journal zunächst von einem Kieler Quartett: Alfred Benninghoff, Anatom, Karl Beurlen, Paläontologe, Kurt Hildebrandt, Philosoph und Psychiater sowie Wolf. Zur Mitarbeit konnten u. a. Martin Heidegger, Wilhelm Troll (**Abb. 5.12.**), Victor von Weizsäcker und Otmar von Verschuer gewonnen werden. Schon 1937 / 1938 wurde jedoch aus diesem Journal die *Zeitschrift für die gesamte Naturwissenschaft: Organ der Reichsfachgruppe Naturwissenschaft der Reichsstudentenführung*. Die Vorgängerversion erschien den „Reichsfachorganen" zu elitär-intellektuell und zu wenig bodenständig. Wolf gehörte dann nicht mehr zu den Herausgebern.[14]

3.2 Magnifizenz Wolf und die „Stoßtruppuniversität"

Die mit der NS-Machtübernahme einhergehenden Turbulenzen erfassten auch das Kieler Universitätsrektorat.[15] Der 1931 zum Rektor gewählte Volkswirt August Skalweit legte im März 1933 nach heftigen Angriffen sein Amt nieder. Die NS-Studentenschaft hatte ihn mehrfach ultimativ aufgefordert, sich gegen die „Berufung von solchen Lehrkräften, die nicht deutschen Blutes sind, und die deutsche Ehre besudeln" zu stellen.[16] Davon wollte sich der resolute, rechtschaffende Skalweit nicht einschüchtern lassen. Ihm folgte per Ernennung durch den preußischen Kultusminister Bernhard Rust der Theologe und Kirchenhistoriker Otto Scheel, der sich zwar dem neuen System verbunden fühlte, aber zu den turnusmäßigen Rektoratswahlen im April desselben Jahres nicht mehr antrat. In dem aufgrund eines Ministerialerlasses anberaumten Votum wurde schließlich am 29. April 1933 Wolf als Rektor der Christian-Albrechts-Universität Kiel gewählt.

Der neue Rektor hatte bereits vorher auf sich aufmerksam gemacht, indem er eine Dozentenerklärung mitunterschrieben hatte, in der es hieß, man sei „freudig bereit, zusammen mit der nationalen Studentenschaft die Arbeit der Reichsregierung am Aufbau des neuen Reiches mit allen Kräften zu unterstützen."[17]

Der im 33. Lebensjahr stehende Rektor, der inzwischen vom Abteilungsvorsteher zum Institutsdirektor aufgestiegen war, und der in den Jahren 1934/36 zugleich Ratsherr der Stadt Kiel war, hatte damit erstaunliche Karrieresprünge vollbracht. Im weiteren Verlauf seines Wirkens in Kiel zeigte sich jedoch, dass ihn diese Sprünge nicht vor unerfreulichen und folgenreichen Entwicklungen sowie vor eigenem Fehlverhalten bewahren konnten. Als Prorektor wurde der Zoologe Wolfgang Freiherr von Buddenbrock-Hettersdorf „gewählt", der ebenso wie Wolf das Wohlwollen der Nationalsozialisten genoss.[18] Buddenbrock-Hettersdorf wurde später nach seiner unfreiwilligen Versetzung an die Universität Halle 1937 Direktor des dortigen Zoologischen Instituts.

Es stand wohl außer Frage, dass allein Wolfs wissenschaftliche Leistungen als Physikochemiker den neuen Machthabern nicht ausgereicht hätten, um ihm die Führung einer renommierten Universität anzuvertrauen, die sich innerhalb weniger Wochen bereits weitgehend gleichgeschaltet hatte. Schließlich war per reichsministeriellem Erlass auch in Kiel das „Führerprinzip" eingeführt worden, wodurch die Senate quasi entmachtet und der Rektor als „Führer" der Universität nur dem zuständigen Minister unterstand.[19] Unter dieser Voraussetzung wurden von Magnifizenz Wolf handfeste Entscheidungen zur Durchsetzung der nationalsozialistischen Hochschulpolitik erwartet. Solche Erwartungen betrafen sowohl politisch-weltanschauliche Bekenntnisse als auch praktisch-administrative, insbesondere personalpolitische Entscheidungen als Ausdruck von Führereigenschaften im Sinne des nationalsozialistischen Staates. Und der Protagonist ließ sich nicht lange bitten, indem er aktiv mitwirkte und Unrecht geschehen ließ.

Eine der ersten Amtshandlungen des Rektors Wolf war die Absetzung des Dekans der Philosophischen Fakultät, des Altgermanisten Carl Wesle, der sich mit kritischen Äußerungen über die NS-Personalpolitik verdächtig gemacht hatte.[20] Und er hat es nicht verhindert, dass der den Nazis sehr nahestehende Philosoph Ferdinand Weinhandl die Universität als Hauptredner bei der schimpflichen Kieler Bücherverbrennung vertrat.

Besonders bemerkenswert ist Wolfs zusammen mit dem Historiker Carl Petersen veröffentlichter Vortrag „Die Stellung der Natur- und Geisteswissenschaften in der neuen Universität und die Aufgabe ihrer Fachschaften".[21] Kurz zusammengefasst wurde darin gefordert:

- Eine „politische Universität" entsprechend der „neuen Staats- und Gemeinschaftsidee" zu errichten, die sich der „Zersetzung des organischen Staatsgefüges durch das Eindringen der westlich-liberalistischen und demokratischen Ideen" entgegenstellt.
- „Während die Theologie als die das Weltbild gestaltende Quelle heute ausscheidet und besser in Priesterseminaren als an den Universitäten gelehrt würde, bedürfen Jurisprudenz und Medizin, wie sie in den Fakultäten vertreten werden, in der Universität der Zukunft trotz höchster Wichtigkeit für das Leben des Staates und der Gesellschaft heute der Anlehnung an eine der politischen Universität eigene Kernfakultät."

- Den Schwerpunkt der neuen „staatsbezogenen Universität" soll eine Philosophische „Kernfakultät" bilden.
- Dass eine „neue Forscher- und Lehrergeneration heranwachsen muß", die sich einer „Verhirnlichung, Verlehmung und Verameisung" entgegenzustellen hat.
- Dass die Naturwissenschaften der „philosophisch-weltanschaulichen Aufgabe der Universitäten und damit ihrer Staatsbezogenheit zu dienen haben."

Beide sahen ferner die wichtigste Aufgabe der naturwissenschaftlichen Fächer darin, „fruchtbarer Boden zu werden, aus dem schöpferische Werte gläubiger Männer wachsen." Naturwissenschaft war für beide in erster Linie Physik. Und „für den geistigen und gläubigen Menschen aber können erst da, wo die Physik aufhört, die gestaltenden, zu schöpferischer Tat aufrufenden Probleme liegen." Im Rückblick stellten beide entrüstet fest, dass

> „losgelöst von jeder Bindung durch Glaube und Weltanschauung [...] landfremde und volksfremde Elemente den Unterricht soweit an sich reißen, daß schließlich Physik und Chemie, nicht wissend [...] um ihre metaphysische Herkunft und um ihre Bestimmung, schließlich selbst an den besten unserer hohen Schulen nur noch im Hinblick auf Anwendung und Nutzen in der Technik und für die Wirtschaft [...] zur Lieferung von Erkenntnismethoden, Apparaten und geldbringenden Patenten"

gelehrt wurden.

Daran, dass beide Herren „die politische Universität gleichgesetzt wissen wollen mit staatsbezogener Universität",[22] konnte sich Wolf in einer nach 1945 abgegebenen Erklärung jedoch nicht mehr erinnern. Vielmehr bescheinigte er sich aktiven „Widerstand gegen die Versuche, die Universität zu radikalisieren und zu politisieren."[23]

Was die Forderung nach Etablierung einer „Kernfakultät" betraf, so entschieden sich die Kieler NS-Oberen letztlich für die Juristische als die „Stoßtruppfakultät", die dann als „Kieler Schule" eine stramm nationalsozialistisch orientierte Jurisprudenz pflegte.[24] Anführer dieses Stoßtrupps war der Jurist Paul Ritterbusch, der von 1937 bis 1941 Rektor der Kieler

Universität wurde und außerdem zum NS-Dozentenbundführer avancierte.[25] In dieser Funktion war Ritterbusch unter anderem ein Adressat etlicher „Meldungen“ aus der halleschen Universität, auf die später zurückzukommen sein wird.

In ihrer Darlegung bezogen sich Wolf und Petersen ausdrücklich auf den Historiker Friedrich Wolters und vor allem auf den Freiburger Philosophen Martin Heidegger. Heidegger hatte am 27. Mai 1933 eine Antrittsrede als Rektor der Freiburger Universität gehalten,[26] die im Tenor dem Vortrag Wolfs und Petersens glich, wobei es unklar ist, wer von wem plagiiert hatte. Unter dem politisch neutralen Titel „Die Selbstbehauptung der deutschen Universität“ beschwor Heidegger das „Führerprinzip“, das Erfordernis einer grundlegenden Erneuerung der Universität mit der Philosophie als Zentrum, die „Kampfgemeinschaft der Lehrer und Schüler“ um die „Vereinzelung der akademischen Disziplinen zu überwinden“, und schließlich die Bedeutung der „erd- und bluthaften Kräfte“ für das Schicksal des Volkes. Die nationalsozialistisch ausgerichtete Geistesbrüderschaft dieser Herren war also nicht zu übersehen. Im Übrigen stand man miteinander in Kontakt, was z. B. Wolf veranlasste, Heidegger zu bitten, ein Rundtelegramm an Hitler zu unterschreiben.[27]

Aus heutiger Perspektive wirkt die bei solchen Gelegenheiten verwendete Diktion äußerst befremdlich. Das bedeutungsschwangere und heroisierende Vokabular,[28] oft in seiner Wirkung verstärkt durch Androhung katastrophaler Alternativen, entsprach freilich dem nationalsozialistischen Zeitgeist. Es war üblich, seine Verbundenheit mit dem Regime auch durch einen Jargon mit ungewöhnlichen und oft verkrampften Wortbildungen deutlich zu machen. Der Kieler Vortrag bietet dafür eine besondere Fülle an Beispielen:

> „Wirkungsformen, Grundgeschehnis des geistig-völkischen Daseins, Wesenserkenntnis, geistige Weltganzheit, sinnlich-geistige Harmonie, erd- und bluthafte Kräfte, Wollensinstinkte, überfachliche Wesenserkenntnis, gesamtmenschlich, begnadete Schicksalsstunde“ usw.

Der Beitrag nimmt sich im Vergleich zu Rektoratsansprachen gesinnungsverwandter Kollegen, wie beispielsweise die Heideggers oder diejenige des Göttinger Germanisten Friedrich Neumann,[29] deutlich insistierender und intransigenter aus. Es ist bezeichnend, dass sich ausgerechnet der Naturwissenschaftler Wolf mit besonderer Eindringlichkeit dieser pathetisch-affektierten Ausdrucksweise bediente.

Wesentlich gravierender als die durchaus beängstigenden Proklamationen waren die personelle Säuberung und „Erneuerung“ der Universität. Personen, die aus politischen oder rassistischen Gründen als untragbar galten, hatten mit Strafversetzung, Entzug der Lehrbefugnis, Versetzung in den vorzeitigen Ruhestand oder mit Entlassung zu rechnen. In etlichen Fällen sahen sich Dozenten infolge massiven Drucks, ausgeübt von verhetzten und randalierenden Vertretern der NS-Studentenschaft, genötigt, ihren Dienst zu quittieren. Im Wesentlichen waren das die Konsequenzen der unversöhnlichen Anwendung des „Gesetzes zur Wiederherstellung des Berufsbeamtentums“ vom 7. April 1933, verkündet also kurz vor Wolfs Amtsübernahme.

Eine Liste der von der Kieler Universität vertriebenen Wissenschaftler verzeichnet 59 Namen.[30] Allein während der Amtszeit des Rektors Wolf betraf das 24 Personen mit einem Durchschnittsalter von 50 Jahren. Man verjagte also ein sehr erfahrenes und leistungsfähiges wissenschaftliches Potenzial. Einige ausgewählte Kurzbiographien der Vertriebenen illustrieren diese Tragödie:

- Der Chemiker *Wolf Bodenheimer* wurde wegen „nichtarischer“ Abstammung am 1. Juli 1933 entlassen. Der junge Assistent fand, in diesem Falle sogar mit Unterstützung seines Lehrers Wolf, Beschäftigungen in England und später in Israel. Dort war er Gründungsmitglied der „Israel Chemical Society“.[31]
- Dem Mathematiker und Wahrscheinlichkeitstheoretiker *Willy Feller* wurde am 9. September 1933 die Lehrbefugnis entzogen. Nach Zwischenstationen in Dänemark und Schweden bekleidete er Lehrstühle in den USA, zuletzt in Princeton. Für herausragende Leistungen erhielt er 1970 die „National Medal of Science.“
- Der Rechtssoziologe *Hermann Kantorowicz* wurde als Jude eingestuft und im September 1933 entlassen. Nachdem bald auch seine Bezüge eingestellt worden waren, verließ er Deutschland und lehrte zunächst in New York und später im englischen Cambridge.

Seinen Lehrstuhl in Kiel übernahm der spätere Universitätsrektor und Verfechter der nationalsozialistischen Rechtslehre, Georg Dahm.

- Dem Teilchenphysiker *Otto Klemperer*, der als „50 Prozent Jude“ galt, wurde am 9. September 1933 die Lehrerlaubnis entzogen. Schon im gleichen Jahr erhielt er einen Lehrauftrag in Cambridge. Ab 1946 lehrte Klemperer am Imperial College in London.

Der persönliche Anteil des Rektors Wolf an diesem Exodus ist schwer zu bemessen. Personalsachen waren zu dieser Zeit in letzter Konsequenz vom Preußischen Kultusministerium bzw. vom nachfolgenden Reichsministerium für Wissenschaft, Erziehung und Volksbildung, jeweils mit Bernhard Rust an der Spitze, entschieden worden. Hinweise auf Bemühungen Wolfs, derartige Selektionen wenigstens zu behindern, wurden nicht gefunden.

Diesen politischen und rassenideologischen Säuberungen stand eine von Wolf forcierte Berufungspolitik gegenüber, die gemäß der von ihm und Petersen verfolgten Strategie die Reintegration von Geistes- und Naturwissenschaften auch institutionell zu realisieren gestattete. Aus unbefangener Perspektive hätte das ein durchaus vernünftiges Anliegen sein können. Allerdings sollte diese Reintegration an Prämissen gebunden sein, die einerseits unter Berufung auf Goethe „eine das Weltganze umfassende Betrachtungsart“ verlangten, und die andererseits „eine undeutsche Linie der Naturerkenntnis“ und „mechanisch-materialistische Konzeptionen“ strikt auszuschließen hatten.[32] Wie auf dieses Ziel ausgerichtete, unter aktiver Einflussnahme Wolfs durchgesetzte Berufungen abliefen, zeigt die Personalie des Psychiaters und Philosophen Kurt Hildebrandt, der dem George-Kreis sehr nahestand.[33] Mit ausdrücklicher Befürwortung von Martin Heidegger wurde der wissenschaftlich nicht unumstrittene Kandidat ohne Habilitation am 30. April 1934 auf das Kieler Philosophieordinariat berufen. Die vordem geäußerten Bedenken des Fachphilosophen Richard Kroner und des Philologen Richard Harder hatte der Physikochemiker Wolf rigoros zurückgewiesen. Überdies konnte nun mit Hildebrandt eine Lücke geschlossen werden, die durch zwangsweise Versetzung zweier Philosophen entstanden war. Julius Stenzel war nach

Denunziation am 1. November 1933 von Kiel an die Universität Halle beordert worden.[34] Ähnlich war es Richard Kroner ergangen, der nach einem Aufenthalt in Rom an die Universität Frankfurt versetzt worden war.[35] Damit war ein wichtiges Zwischenziel beim Aufbau der von Wolf und Petersen geplanten philosophischen „Kernfakultät" erreicht worden.

Darüber hinaus hatte der Rektor Wolf keine Hemmungen, gegenüber dem Berliner Ministerium auch Kollegen aus seinem engeren Fächerkanon zur Disposition zu stellen. So hieß es in einem Schreiben vom 31. Mai 1934:

> „Schließlich darf ich noch bemerken, daß Physik und Chemie in Kiel mit je 2 Ordinarien besetzt sind und zwar mit Herren, die brav ihre Pflicht tun, daß aber in beiden Fächern eine Belebung dadurch erwünscht wäre, daß je ein Physiker und Chemiker von Kiel wegberufen würde und durch eine frischere und aktivere Kraft ersetzt würde."[36]

Abb. 3.3. „Stoßtruppuniversität" Kiel. Hauptgebäude im Jahr 1938.

Gemeint waren die Chemiker Otto Diels und Otto Mumm sowie die Physiker Heinrich Freiherr Rausch von Traubenberg und Albrecht Otto Johannes Unsöld. In allen Fällen handelte es sich um hervorragende Wissenschaftler, wie etwa Otto Diels, der 1950 den Nobelpreis erhielt. Das Ministerium teilte Wolf jedenfalls mit, dass es seinem Vorschlag nicht folgen wolle.

Nach dem am Beispiel Kurt Hildebrandts demonstrierten Muster vollzog sich die nahezu vollständige personelle Erneuerung der Universität Kiel nach 1933. Dazu schrieb der Germanist Rainer Kolk:

> „Dieses fragwürdige Verdienst kommt zweifellos maßgeblich Wolf zu, der die 1933 / 1934 entstandene Situation des wissenschaftspolitischen Umbruchs nutzt, um sein Konzept einer transdisziplinären, morphologischen Wissenschaft institutionell zu installieren.“[37]

Vorläufiges Resümee: Für die Durchsetzung wissenschaftspolitischer Umwälzungen, die – wenigstens bei Wolf – weit über die berufungsgemäßen Kompetenzen hinausgingen, nutzten die Akteure die von den nationalsozialistischen Machthabern gebotenen politischen und administrativen Spielräume bedenkenlos aus. Und Wolf vollzog den ersten Spatenstich; Kolk resümiert: „In Kiel beginnt unter Wolfs energischer Leitung ein zielgerichteter Umbau zur ‚Stoßtruppuniversität'.“[38]

3.3 Erzwungener Abschied

Gegen Ende des Jahres 1934 fühlte sich Wolf zunehmend dem Konflikt zwischen den Beanspruchungen des Rektorenamtes und seinen ehrgeizigen wissenschaftlichen Ambitionen ausgesetzt. Vermutlich sah er als Rektor Entwicklungen in Kiel auf sich zukommen, die tatsächlich ein Jahr später zu eruptiven Auseinandersetzungen um ihn und mit ihm führten. In einem Schreiben vom 19. Dezember 1934 richtete er deshalb an den Berliner Minister die Bitte, am Anfang des folgenden Jahres sein Rektorat abgeben zu dürfen. Er sei infolge der Mehrfachbelastung überanstrengt und in seiner wissenschaftlichen Fortbildung sehr stark zurückgeblieben.[39] Seinem Wunsch wurde entsprochen, und an seiner Stelle der nationalsozialistisch ausgerichtete Straf- und Völkerrechtler Georg Dahm im Januar 1935 zum Nachfolger Wolfs bestimmt. Ohnehin hatte man in Berlin schon von den am Kieler Universitätshimmel heraufziehenden Gewitterwolken Wind bekommen, so dass Wolfs Amtsaufgabe nicht unwillkommen war.

Nach seinem Ausscheiden aus dem Rektorat bot sich für Wolf die Möglichkeit, nunmehr ungestört wissenschaftlich arbeiten zu können. Anstatt davon Gebrauch zu machen, provozierte er jedoch immer häufiger heftigste Auseinandersetzungen und gegenseitige Anfeindungen in der Universität. Neben anderen Anlässen spielte für diese Entwicklung ein grundsätzliches Problem eine Rolle: Wolf und seinen Anhängern war es nicht gelungen, wie beabsichtigt eine philosophische „Kernfakultät" zu etablieren. Dagegen stand die geschlossene Front der Juristen, angeführt von Magnifizenz Dahm und seinem Kollegen, dem Dozentenbundführer Paul Ritterbusch, wogegen die „Philosophen" keine Chance haben konnten.

Als Vorwürfe und Streitereien überhand nahmen, wurde darüber von den Kieler Amtsträgern zunächst der Berliner Ministerialdirektor Theodor Vahlen unterrichtet (**Abb. 3.4.**).

Schließlich sah sich der neue Rektor Dahm veranlasst, dem Ministerium bereits zwei Tage später mit einer detaillierten Begründung die Beurlaubung und die Versetzung Wolfs an eine andere Universität dringend zu empfehlen.[40] In seinem Schreiben bringt Dahm schweres Geschütz gegen Wolf in Stellung: Er habe nach Rektoratswechsel immer wieder die Arbeit der Universität planmäßig gestört und beeinträchtigt. Abgesehen vom grundsätzlichen Vorwurf, der „überaus streitsüchtige Herr Wolf" würde die „geistige Erneuerung des deutschen Volkes" als eine aristokratische Angelegenheit statt als Aufgabe des gesamten Volkes ansehen, berichtet der Rektor im Einzelnen über persönliche Angriffe, über Konflikte mit dem Dekan und mit dem Leiter der Dozentenschaft. So habe Wolf als Mitglied des Lehrkörpers den gegenwärtigen Rektor gegenüber einer Parteidienststelle verunglimpft. Und die politische Zuverlässigkeit des Dekans, des Orientalisten und NSDAP-Mitglieds Theodor Menzel, wurde in Zweifel gezogen. Gegebenenfalls werde sich Wolf deshalb an die Partei wenden.

In dem bemerkenswerten Memoire des Rektors wird als entscheidender Grund für Wolfs Gebaren ausgeführt: Er sei Vertreter einer geistigen und

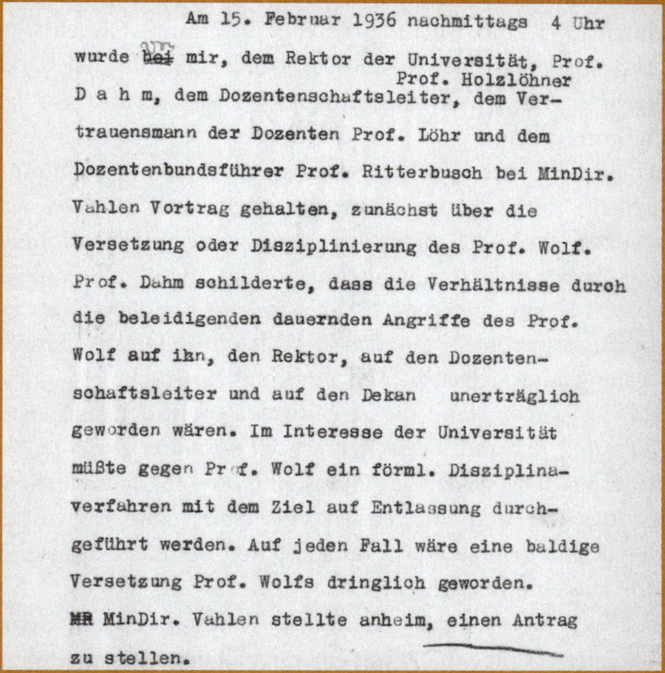

Am 15. Februar 1936 nachmittags 4 Uhr
wurde ~~bei~~ mir, dem Rektor der Universität, Prof.
Prof. Holzlöhner
D a h m, dem Dozentenschaftsleiter, dem Vertrauensmann der Dozenten Prof. Löhr und dem Dozentenbundsführer Prof. Ritterbusch bei MinDir. Vahlen Vortrag gehalten, zunächst über die Versetzung oder Disziplinierung des Prof. Wolf. Prof. Dahm schilderte, dass die Verhältnisse durch die beleidigenden dauernden Angriffe des Prof. Wolf auf ihn, den Rektor, auf den Dozentenschaftsleiter und auf den Dekan unerträglich geworden wären. Im Interesse der Universität müßte gegen Prof. Wolf ein förml. Disziplinaverfahren mit dem Ziel auf Entlassung durchgeführt werden. Auf jeden Fall wäre eine baldige Versetzung Prof. Wolfs dringlich geworden.
~~MR~~ MinDir. Vahlen stellte anheim, einen Antrag zu stellen.

Abb. 3.4. Aktenvermerk über eine Besprechung in der Angelegenheit K. L. Wolf.

weltanschaulichen Haltung, wie sie von den Anhängern Stefan Georges vertreten werde. Demnach sei die geistige Erneuerung des deutschen Volkes eine aristokratische Angelegenheit weniger auserlesener Geister, jedenfalls keine Sache des ganzen Volkes. Diese Anschauung halte aber die Universitätsführung für grundsätzlich falsch. Dahms Fazit: Um den Fall jetzt und endgültig zu bereinigen, müsse Wolf wegen seines absolut universitätsfeindlichen Verhaltens unbedingt und möglichst bald aus Kiel verschwinden.

Ein gewichtiger Vorwurf blieb in der Begründung allerdings unerwähnt: Die Affäre des verheirateten Wolf mit der Tochter eines Kollegen.[41] Wolfs Liaison galt Leiva, Tochter des schon erwähnten Carl Petersen. Auch

Wolf überließ dieses Abenteuer und dessen Folgen bei seinen intensiven Verteidigungs- und Rechtfertigungsaktivitäten in der Nachkriegszeit dem „Vergessen“, vermutlich auch aus Rücksicht auf die inzwischen weithin geschätzte Altphilologin und Verlegerin Leiva Petersen.

Der vom Rektor Dahm genannte Grund für Wolfs Gebaren in jener Zeit erklärt die Vorgänge nur teilweise, wenn man seine weitere Entwicklung berücksichtigt. Dazu später mehr.

Wolf, erst im 34. Lebensjahr stehend, hatte in Kiel offensichtlich die Fallhöhe seiner steilen Karriereleiter unterschätzt. Die zuletzt immer häufiger von ihm initiierten Konflikte und hochfahrenden Attitüden konnte er durch systemkonformes Auftreten nicht mehr kompensieren. Die Konsequenz: Er musste Kiel verlassen und wurde ab 1. April 1936 mit der kommissarischen Leitung des außerordentlichen Lehrstuhls für Physikalische Chemie an der Universität Würzburg beauftragt. Eine von ihm nach 1945 abgegebene Erklärung zu diesem Vorgang liest sich wie der Bericht eines Opfers politischer Verfolgung:

> „Dieses Verhalten zog [...] im März 1936 eine Strafversetzung auf eine rangniedrigere Stelle mit dem offensichtlichen Ziel, durch die Unmöglichkeit der neuen Stellung die Vernichtung der bürgerlichen Existenz herbeizuführen.“[42]

Dies war der wenig überzeugende Versuch, Wolf im Rahmen der Entnazifizierung nicht als opportunistischen Nationalsozialisten, sondern als Antifaschisten erscheinen zu lassen.

Wie sah der wissenschaftliche Ertrag der Kieler Jahre aus? Lagen die Schwerpunkte seiner durchaus beachtenswerten Forschung bislang in der experimentellen physikalischen Chemie, kamen nun umfangreiche Recherchen und Publikationen zur „Geschichte der exakten Naturwissenschaften“ hinzu. Dabei ging es von Anfang an und in erster Linie nicht um eine abwägende und vorurteilsfreie Rezeption der naturphilosophischen Überlieferungen, sondern um die Herausarbeitung eines naturwissenschaftlichen Weltbildes, das die „überfachliche Wesenserkenntnis“ ermöglichte und die „geistige Weltganzheit“ im Blick haben sollte. Derartige Ansprüche ließen sich freilich mit „exakter“ physikalisch-chemischer Grundlagenforschung, die gewöhnlich nur sehr begrenzte Möglichkeiten für subjektive und weltanschaulich motivierte Auslegungen bietet, nicht leicht erfüllen. Die Wissenschaftshistorie, das hatte Wolf sehr früh erkannt, bot dagegen auch zur Selbstdarstellung viel weitere Spielräume. In diesem Rahmen wurden von ihm und von seinem Schüler Rembert Ramsauer auch die ersten Fundamente einer „gestalthaften" physikalischen Chemie mit morphologischen Bezügen gelegt.

Für eine solche alternative Betrachtung empfahl sich dem historisch stark interessierten Wolf selbstredend der Rückgriff auf das naturwissenschaftliche Erbe Goethes. Dieses Erbe bestand aus einem weit ausladenden Interessenspektrum, dessen bedeutenden Chemiebereich der Weimarer Geheimrat lebenslang mit Rat und Tat reichlich ausgefüllt hatte. Erkennbar begegnete der Morphologe Goethe gerade dieser Disziplin mit besonderer Sympathie:

> „Zu dem Chemiker hat der Morpholog ein großes Vertrauen und erholt sich oft Raths by ihm in der Überzeugung daß die verschiedenen Organe verschiedene Stoffe verschieden bearbeiten und daß verschiedene Säfte sich das Organ in dem sie sich sammeln wieder wechselweise ausbilden. Dagegen bereitet er den Chemiker die Versuche gleichsam vor und macht ihn aufmerksam wohin er sie durch die Gestalt angereizt eigentlich zu leiten habe."[43]

Obwohl fachlich überkommen, bildet das Kapitel „Goethe und die Chemie" einen bedeutenden Bestandteil der mitteleuropäischen Wissenschaftsgeschichte und stellt bis heute ein fesselndes Sujet für chemiehistorische Reflexionen dar.[44]

Derartige Ansätze waren freilich mit der physikalisch-chemischen Grundlagenforschung nur schwer in Verbindung zu bringen, da diese sich stärker aktuellen Themen widmete, wie z. B. breit angelegten Untersuchungen über Ordnungszustände in reinen und mehrkomponentigen Flüssigkeiten mit der zugehörigen Messung und Diskussion von Stoffdaten. Ferner wurden Probleme der Physik und Chemie der Grenzflächen aufgegriffen, was sich alsbald zu einem Schwerpunktthema entfaltete. Etwas eingehendere Bemerkungen dazu werden in nachfolgenden Abschnitten folgen. Mit dieser konfliktbeladenen Gesamtbilanz endete für Wolf das Kapitel Kiel.

Anmerkungen

1 Hapke 1990, 138.

2 Wikimedia: Christian-Albrechts-Universität zu Kiel.

3 Private Mitteilung von Klaus Beneke.

4 Kuschel 2022.

5 Mommsen 2000.

6 UAHW Personalakten: Karl Lothar Wolf.

7 UAHW Personalakten: Karl Lothar Wolf, Teilakte Universität Kiel, Brief vom 18.6.1934.

8 Christian-Albrechts-Universität zu Kiel: Vertriebene Gelehrte.

9 Beneke o. J.

10 Erdmann 1967.

11 Hapke 1990, 138.

12 Siehe dazu das Gutachten zur Zeitschrift *Die Naturwissenschaften* für das Reichserziehungsministerium im Dokumentenanhang 1.

13 Doermer 1949.

14 Vonderau 1994.

15 Erdmann 1967; Beneke o. J.; Wikimedia: August Skalweit; Mish 2009.

16 Mish 2009.

17 Mish 2009.

18 Beneke o. J.

19 Kolk 1998.

20 Erdmann 1967; Kieler Gelehrtenverzeichnis: Carl Wesle.

21 Wolf, Petersen 1933; Kolk 1998, 524 – 525.

22 Wolf, Petersen 1933.

23 UAM, Personalakten Wolf, Blatt 41.

24 Wikimedia: Christian-Albrechts-Universität zu Kiel.

25 Beneke o. J.; Klee 2016.

26 Wikimedia: Martin Heidegger.

27 Wikimedia: Martin Heidegger und der Nationalsozialismus.

28 Klemperer 1947.

29 Neumann 1933.

30 Christian-Albrechts-Universität zu Kiel: Vertriebene Gelehrte.

31 Wikimedia: Wolf Bodenheimer.

32 Kolk 1998, 527.

33 Kolk 1998, 527 – 528; Wikimedia: Kurt Hildebrandt.

34 UAHW Personalakten: Julius Stenzel.

35 Kieler Gelehrtenverzeichnis: Richard Jacob Kroner.

36 Kolk 1998, 631; Geheimes Staatsarchiv Preußischer Kulturbesitz, Berlin-Dahlem, Sign. 1. HA, Rep. 76, Nr. 726, Bl. 41-42.; DFG, Ziegler 1944.

37 Kolk 1998, 631.

38 Kolk 1998, 524 – 525.

39 UAHW Personalakten: Karl Lothar Wolf, Teilakte Universität Kiel, Brief vom 19.12.1934.

40 UAHW Personalakten: Karl Lothar Wolf.

41 Catalogus Professorum Halensis: Karl Lothar Wolf.

42 UAM, Personalakten Wolf, Blatt 41.

43 Goethe 1947 – 2019. 2. Abt., Bd. 9B, 49.

44 Schwedt 1998; Hintzsche 2024.

4 Würzburger Intermezzo 1936 – 1937

Im April 1936 begann das, was Wolf später als die „Unmöglichkeit der neuen Stellung“ charakterisierte. Zwar war die physikalisch-chemische Abteilung des Chemischen Instituts der Universität Würzburg hinsichtlich der räumlichen und praktischen Gegebenheiten alles andere als attraktiv;[1] der zugehörige Lehrstuhl – ausgestattet meist mit einem Extraordinariat – konnte jedoch auf eine beachtliche Wissenschafts- und Lehrtradition zurückblicken. Die Namen und Leistungen der Vorgänger hätten für den Neuzugang ermutigend wirken können. Zum Beispiel der Physikochemiker Johann Ludwig Ebert, der bei Fritz Haber in Berlin habilitiert und bis 1934 in Würzburg elektrochemische Untersuchungen durchgeführt hatte. Bereits ab 1924 war Hans Georg Grimm als außerordentlicher, ab 1927 als ordentlicher Professor für Physikalische Chemie im Institut tätig. Schließlich kam 1934 Klaus Clusius als Extraordinarius nach Würzburg. Er hatte sich bei Arnold Eucken in Göttingen habilitiert. „Neben Arbeiten über Mechanismen von Kettenreaktionen, Thermodynamik und das Verhalten von Gasen bei tiefen Temperaturen, wurde in Würzburg zusammen mit Gerhard Dickel über die Trennung von Isotopen nach der Thermodiffusionsmethode gearbeitet, ein Verfahren, das später Grundlage für die großtechnische, schicksalsbeladene Abtrennung des ^{235}Urans als Uranhexafluorid beim Bau der ersten Atombombe wurde.“[2] Auf Veranlassung der Reichsregierung übernahm Clusius schließlich 1936 den durch Vertreibung von Kasimir Fajans freigewordenen Lehrstuhl in München. Die so in Würzburg entstandene Lücke sollte nun Wolf ausfüllen, zu dessen Leidwesen und als Bewährungsauflage jedoch nur als kommissarischer Vertreter des außerordentlichen Lehrstuhls für Physikalische Chemie.

Über Wolfs Aktivitäten während des anderthalbjährigen Würzburger Intermezzos lassen sich nur indirekt Hinweise gewinnen. Er wohnte in der Keesburgerstr. 28 und gehörte zur „Studentenkampfhilfe“.[3] Nach einer anderen Quelle war er „1937 in Würzburg zeitweilig Zellenleiter“.[4] Im Personal- und Vorlesungsverzeichnis wurde Wolf erst für das Wintersemester 1937 / 38 mit Lehrveranstaltungen angekündigt.[5] Zu dieser Zeit war er jedoch schon nicht mehr in Würzburg tätig. Angekündigt wurde eine Vorlesung über „Moleküle und Kräfte“, ferner diverse Seminare und Praktika. Ein Lehrauftrag für die „Geschichte der exakten Naturwissenschaften", seine Lieblingsthematik, war ihm wohl versagt worden. Interessant im Zusammenhang mit Wolfs späteren Aktivitäten ist übrigens die Ankündigung einer Vorlesung über „Die deutsche Chemie im Vierjahresplan" des Kollegen Hans Georg Grimm, der nach seinem 1929 erfolgten Wechsel zur Badischen Anilin- und Sodafabrik (BASF) noch bis 1948 in Würzburg als Honorarprofessor wirkte.[6]

Ab 1. Oktober 1937 hatte Wolf zunächst vertretungsweise den Lehrstuhl für Physikalische Chemie an der Universität Halle zu übernehmen. Als sein Nachfolger in Würzburg wurde Günther Briegleb auf das Extraordinariat für Physikalische Chemie berufen, der sich zuvor in Karlsruhe habilitiert hatte.

Anmerkungen

1 Koschel 1982.

2 Ebd.

3 Julius-Maximilians-Universität Würzburg, Universitätsarchiv.

4 Catalogus Professorum Halensis: Karl Lothar Wolf. Ein NSDAP-Zellenleiter arbeitete für die regionale NSDAP-Ortsgruppe und war dem jeweiligen Ortsgruppenleiter unterstellt.

5 Julius-Maximilians-Universität Würzburg, Universitätsarchiv.

6 Wikimedia: Hans G. Grimm.

5 Zwischen Wissenschaft und Politik: Halle 1937 – 1945

5.1 Amtsantritt in Halle: Karriere ohne Skrupel

Abb. 5.1. Karl Lothar Wolf (1940).

Mit dem Umzug nach Halle als Nachfolger von Carl Tubandt, dem dortigen Direktor des Instituts für Physikalische Chemie, begann für Wolf ein besonders intensives und konfliktreiches Wirken, bei dem er noch ausgeprägter als bisher zwischen seriöser physikalisch-chemischer Lehre und Forschung, natur- und philosophiehistorischen Exkursen sowie politisch-weltanschaulichen Aktivitäten und Kontroversen ruhelos oszillierte.

Ab 1. Januar 1938 wirkte Wolf als „planmäßiger Professor“ und Institutsdirektor am Chemischen Institut der Universität Halle an der Mühlpforte Nr. 1. In dem seiner Bewerbung beigefügten Lebenslauf gab er unter anderem an: „Seit 1933 Mitglied der NSDAP. Zellenleiter.“[1] Er konnte sich, wenn auch vorerst nur vertretungsweise, auf einen gewissermaßen noch warmen Lehrstuhl setzen. Denn einen Tag vorher, am 30. September 1937, hatte der bisherige Institutsdirektor und ordentliche Professor für Physikalische Chemie Carl Tubandt die Universität aufgrund der NS-Rassengesetze verlassen müssen. Seine jüdische Frau, der er die Treue hielt, hatte nach ihrem Chemiestudium in Halle 1904 an der Universität Gießen promoviert.[2] 1933 wurde jedoch das „Gesetz zur Wiederherstellung des Berufsbeamtentums“ eingeführt und durch einen Erlass vom 16. Juni 1937 in seiner antisemitischen Stoßrichtung wesentlich verschärft. Wolf konnte nicht entgangen sein, dass sein Lehrstuhlvorgänger aufgrund dieses Erlasses wegen seiner jüdischen Ehefrau entlassen worden war. Dieser schmähliche Vorgang löste bei ihm als Amtsnachfolger offensichtlich keinerlei moralische Bedenken aus.

Der genannte Erlass muss in der Naturwissenschaftlichen Fakultät in Halle hektische Betriebsamkeit ausgelöst haben, denn innerhalb weniger Tage hatte sie zwei Gutachten eingeholt und dem Rektor Johannes Weigelt am 24. Juni 1937 berichtet. Im Begleitschreiben hieß es: „Die Fakultät [...] würde sich sehr freuen, wenn Herr Prof. Wolf für Halle zu gewinnen wäre.“[3] Während einer der Gutachter, der Physiker Wilhelm Kast, Bedenken wegen fachlicher Überschneidungen angemeldet hatte, befürwortete der Chemiker und Direktor des Chemischen Instituts Karl Ziegler eine Berufung Wolfs.[4]

Der ältere Teil des halleschen Chemischen Instituts, der „Altbau“, wurde auf Veranlassung von Heinrich Wilhelm Heintz in den Jahren 1862 bis 1863 errichtet. 30 Jahre später überzeugte der Liebig-Schüler Jacob Volhard die Universität von der Notwendigkeit, einen Erweiterungsbau mit Hörsaal, Arbeitssälen und Laboratorien errichten zu lassen[5] (**Abb. 5.2.–5.3.**). Bei Wolfs Amtsantritt war das inzwischen in die Jahre gekommene Gebäude eines der kleineren Chemieinstitute deutscher Universitäten.

Die sechsköpfige Familie Wolf übersiedelte alsbald nach Halle und bezog eine Wohnung in der Marsstraße 10. Im Übrigen benutzte Wolf wie bisher jede sich bietende Gelegenheit, um sich in seinen Geburtsort Kirchheimbolanden in der Pfalz zurückzuziehen.

Zunächst hatte sich der neue Lehrstuhlinhaber der Organisation der studentischen Ausbildung zu widmen. Seine Vorlesungen für Anfänger oder Fortgeschrittene betrafen hauptsächlich folgende Gebiete: „Molekülbau“, „Reaktionskinetik und Photochemie“, „Physikalische Chemie der Grenzflächen“, „Physikalische Chemie der Lösungen“, ab 1940 „Grund-

Abb. 5.2. Das Chemische Institut der Universität Halle-Wittenberg (1940).

Abb. 5.3. Die nach Westen gerichtete Rückseite des Chemischen Instituts (links) in Nachbarschaft zum halleschen Dom (Linolschnitt, 1976).

lagen der Kolloidchemie". Schließlich gab es ab 1939 eine „Lehrgemeinschaft für chemische Kampfstoffe und Behandlung von Kampfstofferkrankungen", in deren Rahmen er und Karl Ziegler regelmäßig Vorlesungen hielten.

Wolf wollte natürlich auch in Halle sein Steckenpferd „Geschichte der exakten Naturwissenschaften" reiten. Sehr bald nach Amtsübernahme konnte er die Fakultät veranlassen, ein entsprechendes Gesuch an das Berliner Ministerium zu richten (**Abb. 5.4.**).

Das Ministerium ließ sich mit seiner etwas kühl ausgefallenen Antwort[6] reichlich Zeit. Am Ende erhob man keine Einwände dagegen, dass Wolf die Geschichte der Naturwissenschaften in Vorlesungen und Übungen vertreten werde. Allerdings sei es nicht erforderlich, seine Lehr-

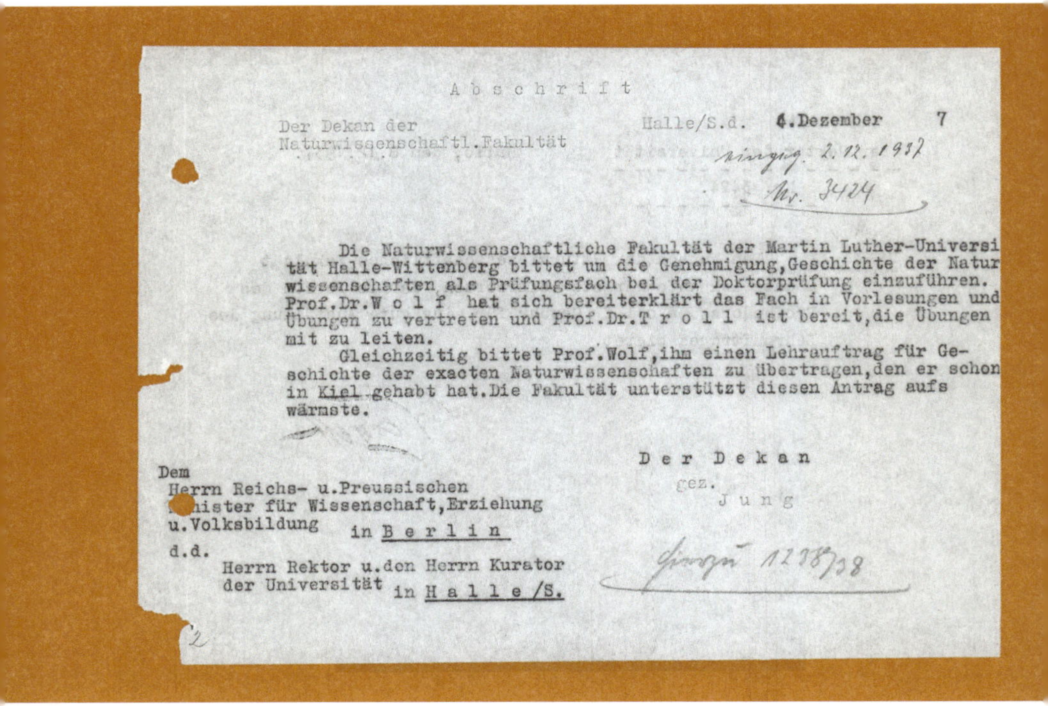

A b s c h r i f t

Der Dekan der
Naturwissenschaftl. Fakultät

Halle/S.d. 4. Dezember 7

eingeg. 2.12.1937
Nr. 3424

Die Naturwissenschaftliche Fakultät der Martin Luther-Universität Halle-Wittenberg bittet um die Genehmigung, Geschichte der Naturwissenschaften als Prüfungsfach bei der Doktorprüfung einzuführen. Prof. Dr. W o l f hat sich bereiterklärt das Fach in Vorlesungen und Übungen zu vertreten und Prof. Dr. T r o l l ist bereit, die Übungen mit zu leiten.

Gleichzeitig bittet Prof. Wolf, ihm einen Lehrauftrag für Geschichte der exacten Naturwissenschaften zu übertragen, den er schon in Kiel gehabt hat. Die Fakultät unterstützt diesen Antrag aufs wärmste.

D e r D e k a n
gez.
J u n g

Dem
Herrn Reichs- u. Preussischen
Minister für Wissenschaft, Erziehung
u. Volksbildung in B e r l i n

d.d.
Herrn Rektor u. den Herrn Kurator
der Universität in H a l l e /S.

Abb. 5.4. Antrag des Dekans der Naturwissenschaftlich Fakultät.

verpflichtung deshalb zu erweitern, und man verzichtete vorerst darauf, die Geschichte der Naturwissenschaften als Prüfungsfach bei der Doktorprüfung einzuführen.

Ab dem Wintersemester 1938/1939 gab es nun regelmäßig Lehrveranstaltungen zur Geschichte der Naturwissenschaften mit einem fächerübergreifenden Themenspektrum. Wolf beteiligte daran besonders die Botaniker Wilhelm Troll und Günther Schmid.

Zwischen Wolf und Troll, der im Fakultätsantrag genannt wurde, entwickelte sich in Halle ein freundschaftliches und inspirierendes Verhältnis.[7] Troll leitete in diesen Jahren in Halle das Botanische Institut und den Botanischen Garten. Auch er wurde nach 1945 vom „Abderhalden-Trans-

Abb. 5.5. Karl Lothar Wolf im Hörsaal des Chemischen Instituts (1940).

port“ erfasst und gelangte zusammen mit Wolf zunächst nach Kirchheimbolanden. 1946 erhielt er eine ordentliche Professur für Botanik an der Universität Mainz. Dort dirigierte er den Aufbau des Botanischen Gartens. Eine Straße im Osten Halles trägt seinen Namen.[8]

Trolls Mitarbeiter Günther Schmid war zur fraglichen Zeit als wissenschaftlicher Hilfsarbeiter am Botanischen Institut tätig. Nach Kriegsende erhielt er an der Universität Halle eine Professur für die Geschichte der Naturwissenschaften.[9]

Nachdem sich Wolf in Halle den Zweitwohnsitz eingerichtet hatte – sein Hauptwohnsitz war weiterhin Kirchheimbolanden in der Pfalz, wo er ein Sommerhaus besaß – überkam ihn erneut das Gefühl der Benachteiligung bezüglich seiner Dienststellung, das ihn seit seiner Kieler Zeit verfolgte. Die ihm 1938 verliehene „planmäßige Professur" war nämlich keine ordentliche Lehrstuhl-Professur (planmäßiges Ordinariat), sondern ein Extraordinariat, das mit gewissen, wenn auch nicht wesentlichen, Nachteilen hinsichtlich Besoldung, personeller Ausstattung, Examensberechtigung und Dienstreiseangelegenheiten verbunden war. Wolf sah darin freilich eine Verletzung seiner Ehre und Geringschätzung seiner Fähigkeiten und fachlichen Qualifikation. In der nun einsetzenden Korrespondenz zwischen ihm und übergeordneten Stellen trat er als hartnäckiger Beschwerdeführer auf und zog dafür alle verfügbaren Register. Neben einem ständigen Rekurrieren auf angebliche Zusicherungen des Berliner Ministeriums[10] finden sich in Wolfs Briefen zahlreiche, recht aufschlussreiche Passagen. So ergänzte er im August 1940 seine Selbstbeurteilung „Meine fachliche Qualifikation steht […] außer Zweifel" mit dem Hinweis auf sein Wirken als Zellenleiter bis 1937. Im gleichen Schreiben bekräftigte er seine Ansprüche mit der Begründung: „Da ich […] als einer der wenigen Chemiker seit langem von meinem Fach her die geistige Auseinandersetzung mit dem westlichen Gebiet ernsthaft betreibe." Und im Juni 1943 erinnert er den halleschen Rektor Johannes Weigelt daran, dass „ich in der stark mit Juden durchsetzten Kieler Universität deren Abbau hatte durchsetzen müssen."

Da Wolfs ständiges Insistieren bis Ende 1943 erfolglos blieb, zog er ein letztes Ass aus dem Ärmel. Sicherlich durch ihn gedrängt und mit seiner Formulierungshilfe beantragte die Naturwissenschaftliche Fakultät beim Reichsminister förmlich die ersehnte Umwandlung in ein Ordinariat. Den Brief des Dekans ergänzte der Rektor Weigelt unter Zurückstellung seiner grundsätzlichen Bedenken in der causa Wolf mit einer mehrseitigen Begründung, deren aufschlussreiche Passagen lauteten:

> „Die Bedeutung […] mag ferner daraus hervorgehen, dass das Institut[11] während des Krieges mit der IG-Farbenindustrie, der Zellwolleindustrie, der Deutschen Versuchsanstalt für Luftfahrt und mit einigen Stellen des Reichsluftfahrtministeriums […] in beratende Zusammenarbeit treten mußte."

Und Weigelt fügte hinzu:

„Die Bedeutung des Faches der physikalischen Chemie in Halle wurde weiter durch die Angliederung eines Vierjahresplaninstituts für Physik und Chemie der Grenzflächen unterstrichen."

Aber auch diese Petition nutzte nichts, und im Februar 1944 ließ der Reichsminister mit Verweis auf Anordnungen der Reichskanzlei mitteilen, eine Umwandlung sei „grundsätzlich ausgeschlossen". Wieder hatte Wolf die Folgen seiner Eigenwilligkeit und seines obstinaten Auftretens unterschätzt.

5.2 Kieler Schatten: Alte Konflikte in neuer Umgebung

Sollte Wolf geglaubt haben, dass sich in Halle die über seiner Kieler Zeit gebildeten Grauschleier nun aufgelöst hätten, so gab er sich einer fatalen Selbsttäuschung hin. Denn zwischenzeitlich hatte es zwei Professoren aus Kiel, teilweise gegen ihren Willen, ebenfalls nach Halle verschlagen, die das Wirken des vormaligen Rektors Wolf gewissermaßen in vivo erlebt hatten. Der eine war der Zoologe Freiherr Wolfgang von Buddenbrock-Hettersdorf, der nach einer Denunziation 1935 von Kiel nach Halle strafversetzt wurde. Dies geschah im Austausch mit dem Zoologen Adolf Remane, der nach zweijähriger Amtszeit in Halle 1936 nach Kiel rückberufen wurde.[12] Dazu schrieb von Buddenbrock wenig später:

„Die Wegversetzung von Kiel bedeutet für mich die vollständige Vernichtung meiner Lebenspläne. Ich bin nun einmal vergleichender Physiologe und habe einen ganzen Teil meiner Arbeitskraft dazu benutzt, mir in Kiel ein anständiges Laboratorium einzurichten. Das ist nun alles vorbei [...]. Wenn ich nicht 5 Kinder hätte, wäre ich längst irgendwo ins Ausland [...]. Jedenfalls können sie mich getrost als lebenden ‚Leichnam' betrachten. Ich werde hier meine Kinder erziehen und Schmetterlinge sammeln. Man muß ja schließlich zufrieden sein, wenn einem wenigstens die Möglichkeit belassen wird, zu leben."[13]

1942 von Halle nach Wien berufen, folgte nach Kriegsende eine Professur an der Universität Mainz, die er bis 1952 innehatte.[14]

Der andere war der international erfahrene Geograph Oskar Schmieder. Nach Teilnahme am Ersten Weltkrieg stand Schmieder als Professor im Dienst argentinischer und kalifornischer Universitäten, bis er 1930 nach Kiel berufen wurde. Als dann an der halleschen Universität der Geographie-Lehrstuhl in der Nachfolge des im Russlandfeldzug umgekommenen Adolf Welte wieder zu besetzen war, wurde Schmieder im April 1944 zum planmäßigen Professor und zum Direktor des Geographischen Instituts ernannt. Gegen diese Berufung hatte Wolf zunächst Bedenken angemeldet. Seine Begründung: Er befürchte Ressentiments von Schmieders Seite gegen sich, denn den Herrn Kollegen hatte er in Kiel als stark amerikanisiert eingeschätzt. Auch sei er in jenen Tagen persönlich mit ihm wegen dessen verächtlich machender Äußerungen über den General Ludendorff zusammengestoßen. Magnifizenz Weigelt, Direktor des Geologisch-Paläontologischen Instituts, überzeugter Nationalsozialist, der Schmieder als Fachkollegen schätzte, wies Wolfs Einwand jedoch schroff zurück. Der Herr Kollege möge doch die Universität nicht mit dem „Kieler Wust" belästigen. Wolf hatte somit wenig Anlass, in Halle als uneingeschränkt geschätztes Mitglied der Naturwissenschaftlichen Fakultät zu gelten.

Zweifellos waren schon ab 1937 die Verschärfung der äußeren politischen Situation Nazi-Deutschlands sowie erst recht ab 1939 der Zweite Weltkrieg mit gravierenden Folgen für die Universität verbunden. Die 1935 eingeführte und danach mehrfach verlängerte Wehrpflicht, der „Reichsarbeitsdienst", Einberufungen und Abordnungen, eine forcierte Kriegswirtschaft mit drastischen materiellen und finanziellen Folgen sowie vor allem die vielen Kriegsopfer führten Anfang 1945 zum völligen Erliegen von Lehre und Forschung.

Dies waren die Rahmenbedingungen, denen auch Wolf – unabhängig von seiner politischen Position – ausgesetzt war. Um sich selbst und die eigenen Mitarbeiter dem Fronteinsatz zu entziehen und eine Unabkömmlichstellung („UK-Stellung") zu erlangen, war der Nachweis kriegswichtiger, möglichst sogar kriegsentscheidender Forschung erforderlich. Fast ausnahmslos hatte sich die Universität entsprechenden Forderungen und Befehlen unterzuordnen. So übernahm Karl Ziegler, Direktor des Chemischen Instituts, ab 1943 parallel zu seinem Ordinariat in Halle das Direktorat des Kaiser-Wilhelm-Instituts für Kohlenforschung in Mülheim an der

Ruhr als Nachfolger von Franz Fischer. Dort war in den 1920er Jahren das Fischer-Tropsch-Verfahren entwickelt worden, das im Zuge der NS-Autarkiepolitik zu einem industriellen Verfahren zur Gewinnung insbesondere von Kraft- und Treibstoffen aus Steinkohle weiterentwickelt wurde – eine für die Kriegswirtschaft entscheidende Technologie. Deshalb hatte zumindest er in Halle keine Bevormundungen zu befürchten.[15]

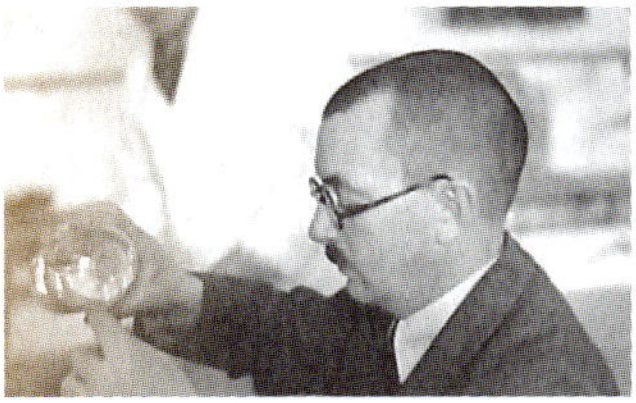

Abb. 5.6. Karl Ziegler, um 1940.

5.3 Weichenstellung für kriegswichtige Forschung

Wolf wollte schon vor Kriegsbeginn die wehrwirtschaftlichen Forschungsmöglichkeiten des Instituts durch eigene Initiativen nachweisen. Und diese Initiativen waren ungewöhnlich umfangreich, wie allein aus den in Halle gesammelten Unterlagen hervorgeht.[16] Wolfs besonders intensiv verfolgtes Grundlagenforschungsthema „Untersuchungen über den Ordnungszustand der Moleküle in Flüssigkeiten“, für dessen Bearbeitung er ab 1935 zahlreiche Beihilfeanträge beim Fachausschuss Chemie des Reichsforschungsrates gestellt hatte, bot dafür vielfältige Ankopplungs- und Interpretationsmöglichkeiten.[17]

Seine direkte Beteiligung an kriegswichtigen Entwicklungsvorhaben im Bereich Schmierung und Schmiersysteme ließ sich Wolf im Frühjahr 1940 vom Reichsamt für Wirtschaftsausbau (RWA) schriftlich bestätigen.[18] Mit dieser verbrieften Beteiligung an militärischer Forschung und noch dazu im gleichen Jahr auf Vorschlag des Physikers Adolf Smekal als neues Mitglied der Deutschen Akademie der Naturforscher Leopoldina geadelt,[19] konnte er seinen an die Universität oder an öffentliche Dienststellen gestellten Forderungen hinsichtlich personeller, finanzieller und räumlicher Ausstattung Nachdruck verleihen. Wovon er dann reichlich Gebrauch machte.

Schon kurze Zeit später erging an ihn eine Einladung des Ministerpräsidenten, Generalfeldmarschalls und Beauftragten des Vierjahresplans, Hermann Göring, zur Beteiligung an Arbeitsgemeinschaften der

Industrie und Hochschulen. Aus einem späteren Schreiben Wolfs geht hervor, dass er dieser Einladung gefolgt sein muss, denn er teilte dem Reichswissenschaftsminister mit, dass er „mit dem Reichsamt für Wirtschaftsausbau einen Vertrag betreffs Ausführung vierjahresplanwichtiger Arbeiten über Grundlagen der technischen Schmierung" abgeschlossen habe. Der Vertrag laufe bereits längere Zeit und sei für ein weiteres Jahr verlängert worden.

Zwei Jahre danach ließ er sich vom Beauftragten des Vierjahresplans erneut bescheinigen, dass seine „Arbeiten, betreffend technische Schmierung bzw. Herstellung synthetischer Schmiermittel auf Basis von Austauschstoffen" infolge der höchsten Dringlichkeitsstufe, der „kriegsentscheidenden Wichtigkeit", von großer Bedeutung seien (**Abb. 5.7.**). Mit diesem starken Rückenwind erfuhr das Institut Wolfs eine bedeutende Vergrößerung, was 1943 angesichts der Kriegssituation einen geradezu luxuriösen Personalbestand ermöglichte:

1 Dozent,	2 Sekretärinnen,
4 Assistenten,	1 Mechanikermeister,
2 – 4 Hilfsassistenten,	4 Lehrlinge,
5 – 7 Doktoranden,	1 Diener,
9 technische Assistentinnen,	2 Putzfrauen.

Ferner hatte sich die Zahl der Institutsräume seit 1937 etwa verdoppelt und die für wissenschaftliche Untersuchungen zur Verfügung stehenden Mittel seien verfünfzigfacht worden.[20]

Zum engeren Wissenschaftlerkreis des Instituts gehörten Helmut Harms, Heinz Dunken und Rembert Ramsauer, die 1937 zusammen mit ihrem Lehrer aus Kiel und Würzburg nach Halle gekommen waren.

Helmut Harms,[21] neben Dunken sicherlich der ambitionierteste unter den Wolf-Schülern, hatte schon als Student in Kiel physikalisch-chemische Untersuchungen ausgeführt und darüber publiziert.[22] Im Gefolge von Wolf konnte er dann in Würzburg promovieren.[23] Bis März 1939 erhielt Harms ein vom Fachausschuss Chemie der Notgemeinschaft der Deutschen Wissenschaft bewilligtes Stipendium für „Untersuchungen über physikalische Eigenschaften der Kohlenwasserstoffe, Schmierwirkung und chemi-

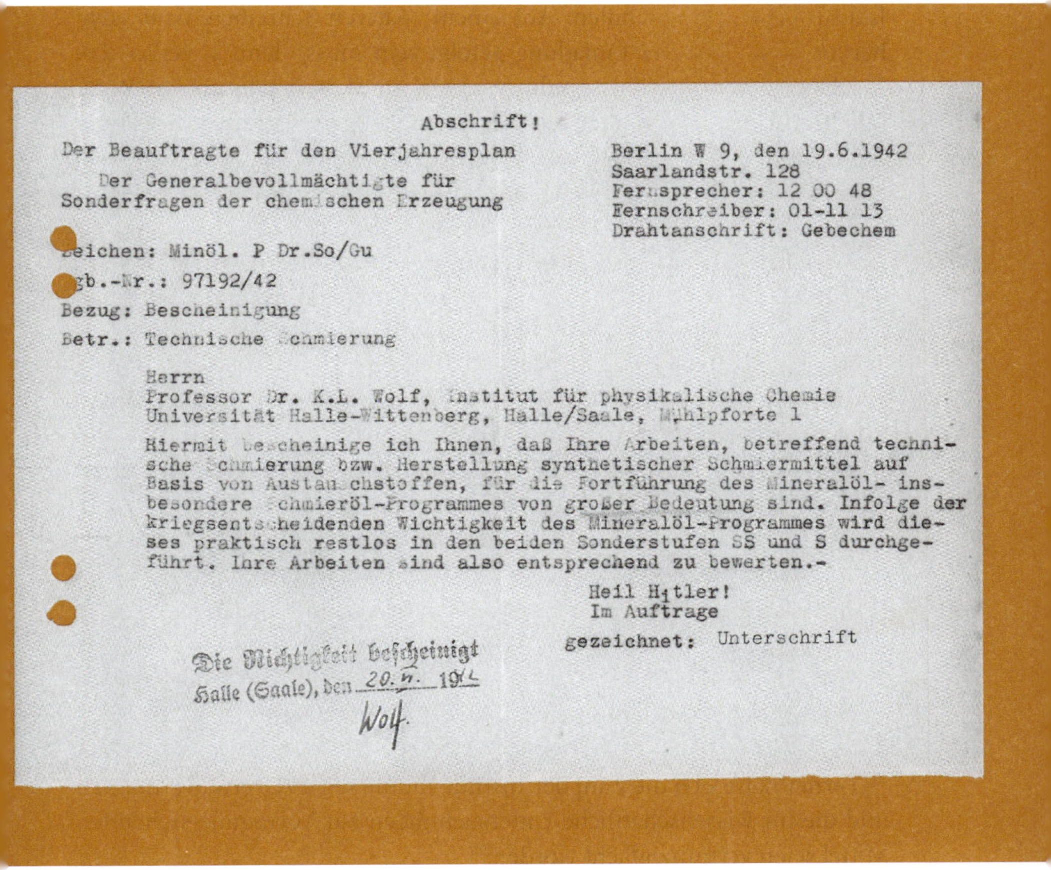

Abschrift!

Der Beauftragte für den Vierjahresplan
Der Generalbevollmächtigte für
Sonderfragen der chemischen Erzeugung

Berlin W 9, den 19.6.1942
Saarlandstr. 128
Fernsprecher: 12 00 48
Fernschreiber: 01-11 13
Drahtanschrift: Gebechem

Zeichen: Minöl. P Dr.So/Gu
Tgb.-Nr.: 97192/42
Bezug: Bescheinigung
Betr.: Technische Schmierung

Herrn
Professor Dr. K.L. Wolf, Institut für physikalische Chemie
Universität Halle-Wittenberg, Halle/Saale, Mühlpforte 1

Hiermit bescheinige ich Ihnen, daß Ihre Arbeiten, betreffend technische Schmierung bzw. Herstellung synthetischer Schmiermittel auf Basis von Austauschstoffen, für die Fortführung des Mineralöl- insbesondere Schmieröl-Programmes von großer Bedeutung sind. Infolge der kriegsentscheidenden Wichtigkeit des Mineralöl-Programmes wird dieses praktisch restlos in den beiden Sonderstufen SS und S durchgeführt. Ihre Arbeiten sind also entsprechend zu bewerten.-

Heil Hitler!
Im Auftrage
gezeichnet: Unterschrift

Die Richtigkeit bescheinigt
Halle (Saale), den 20. 6. 1942
Wolf.

Abb. 5.7. Von kriegsentscheidender Wichtigkeit.

sche Konstitution."[24] Der Versuch seines Doktorvaters, ihn schon 1938 als Assistent in Halle einzustellen, stieß zunächst auf den Widerstand des Gau-Dozentenbundführers. Die völlige politische Uninteressiertheit und der Mangel seines politischen Einsatzes seien so schwerwiegend, dass der Antrag nicht unterstützt werden könne, ließ der Gauführer wissen. Nachdem Harms ein Jahr später doch Assistent geworden war, konnte er

Abb. 5.8.
Helmut Harms, 1998.

sich schließlich 1940 mit einer Schrift über hochverdünnte Lösungen habilitieren. Im gleichen Jahr erfolgte die Ernennung zum Dozenten, einschließlich der Übertragung einer Lehrbefugnis für Allgemeine und Physikalische Chemie.

Obwohl Harms schon vorher maßgeblich in das Schmiermittelprogramm des Instituts eingebunden worden war,[25] konnte er sein eigentliches Interessengebiet – Charakterisierung von Ordnungszuständen in Flüssigkeiten – erfolgreich weiterbearbeiten. Beides unter einen Hut zu bringen, war wohl nur durch sehr starkes fachliches Engagement möglich. Besondere Erwähnung verdienen seine Untersuchungen an hochverdünnten Flüssigkeitsgemischen,[26] die mit außerordentlich präzisen und aufwendigen Messungen verbunden waren. Ein von ihm verfasstes Taschenbuch über Dichtemessungen wurde zum Standardwerk.[27]

Das weitere Geschehen in den Kriegsjahren war durch wiederholte Einberufungen und Abordnungen, unterschiedlichen Aufgaben und häufigen Ortswechseln geprägt. Unter anderem diente Harms ab Juni 1942 in der südlich von Berlin gelegenen Heeresversuchsstelle Kummersdorf als Technischer Kriegsverwaltungsrat.[28] Ab Herbst 1942 war er Mitarbeiter an der Reichsuniversität Straßburg, wo er unter der Leitung von Wilhelm Jost am Aufbau eines Luftfahrtforschungsinstituts mitwirkte. Im Gegensatz zu mancher Behauptung[29] ist eine Beteiligung von Helmut Harms am „Aufbau einer Deutschen Chemie" anhand seiner schriftlichen Hinterlassenschaften nicht erkennbar. Nach Kriegsende in seine Heimatstadt Lübeck zurückgekehrt, gelang es ihm mit hohem persönlichen Einsatz und unter abenteuerlichen Bedingungen, dort im Herbst 1948 auf privater Basis eine Physikalisch-Technische Lehranstalt (PTL) zur Ausbildung Physikalisch-Technischer Assistenten auf die Beine zu stellen.[30] Die stetig steigende Anzahl Studierender und Raumprobleme gaben jedoch 1963 Veranlassung für einen Umzug der Einrichtung von Lübeck nach Wedel. Dort erlangte 1969 neben der Ingenieurschule eine private Fachhochschule mit erweitertem Ausbildungsprofil die staatliche Anerkennung. Zehn Jahre später übergab Harms schließlich die Leitung der beiden Schulen (PTL und FH) seinem Sohn Dirk. Der starke persönliche Einsatz

Abb. 5.9.
Heinz Dunken, 1940.

des ehemaligen Wolf-Schülers für eine fundierte ingenieurtechnische Ausbildung fand 1972 durch die Verleihung der Ehrenprofessur des Landes Schleswig-Holstein eine angemessene Würdigung.

Heinz Dunken kam nach seinem Studium in Kiel (Chemie und Geologie) mit Wolf nach Halle, wo er alsbald promovieren und sich als Hermann-Göring-Stipendiat mit einer Arbeit über Grenzflächenspannungen von Lösungen gegen Quecksilber habilitieren konnte.[31] Seine weiteren Untersuchungen, beispielsweise über Assoziationen in Lösungen („Übermolekülbildung"), waren zunächst noch im Grundlagenbereich angesiedelt.[32] Nachdem er jedoch 1940 zum Dozenten ernannt worden war, musste er aufgrund des Krieges andere Forschungsprioritäten setzen. Bereits seit 1939 wurde Dunken von der Reichsstelle (ab Dezember 1939 „Reichsamt") für Wirtschaftsausbau als „unabkömmlich" eingestuft (Abb. 5.10.) und war in deren Auftrag nun fortan an „kriegswichtigen, mit größtem Nachdruck zu betreibenden" Grundlagenuntersuchungen zur technischen Schmierung beschäftigt. Man glaubte, Wege finden zu können, die eine deutliche Einsparung teurer Schmieröle beim Militär gestatteten. Nach Kriegsende 1945 waren seine weiteren Wegmarken:

- 1945: Verbringung mit dem „Abderhalden-Transport" nach Westdeutschland,
- 1945 – 1946: als Professor Leiter des Instituts für Physikalische Chemie der Universität Jena,
- 1946 – 1953: Zwangsaussiedlung in die UdSSR, Tätigkeit als „Spezialist",
- 1953 – 1954: Leiter der Forschungsabteilung des Zentralinstituts für Schweißtechnik in Halle,
- 1955 – 1968: Professor und Direktor des Instituts für Physikalische Chemie der Universität Jena.

Rembert Ramsauer, ein Neffe des Physikers Carl Ramsauer, hatte seine wissenschaftshistorischen Interessen schon in Kiel mit einer von Wolf

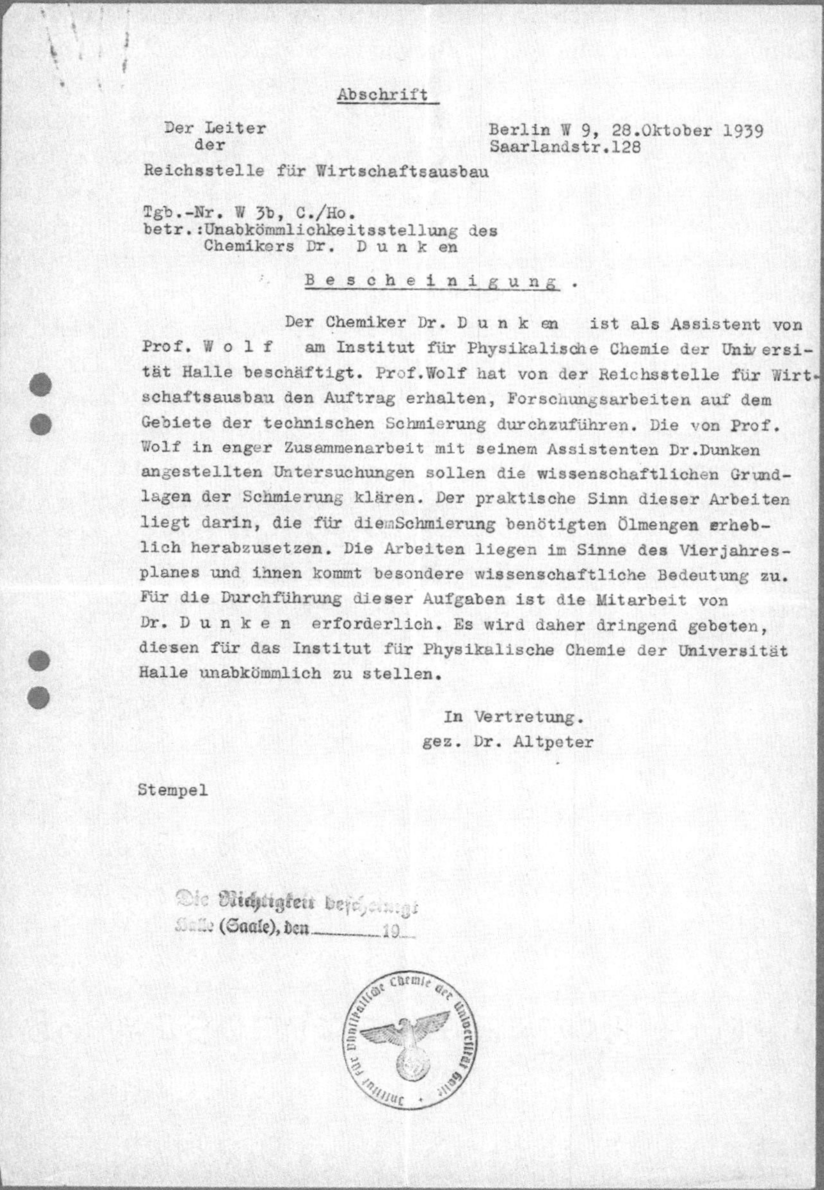

Abschrift

Der Leiter
der
Reichsstelle für Wirtschaftsausbau

Berlin W 9, 28.Oktober 1939
Saarlandstr.128

Tgb.-Nr. W 3b, C./Ho.
betr.:Unabkömmlichkeitsstellung des
Chemikers Dr. D u n k en

B e s c h e i n i g u n g .

Der Chemiker Dr. D u n k en ist als Assistent von Prof. W o l f am Institut für Physikalische Chemie der Universität Halle beschäftigt. Prof.Wolf hat von der Reichsstelle für Wirtschaftsausbau den Auftrag erhalten, Forschungsarbeiten auf dem Gebiete der technischen Schmierung durchzuführen. Die von Prof. Wolf in enger Zusammenarbeit mit seinem Assistenten Dr.Dunken angestellten Untersuchungen sollen die wissenschaftlichen Grundlagen der Schmierung klären. Der praktische Sinn dieser Arbeiten liegt darin, die für diemSchmierung benötigten Ölmengen erheblich herabzusetzen. Die Arbeiten liegen im Sinne des Vierjahresplanes und ihnen kommt besondere wissenschaftliche Bedeutung zu. Für die Durchführung dieser Aufgaben ist die Mitarbeit von Dr. D u n k e n erforderlich. Es wird daher dringend gebeten, diesen für das Institut für Physikalische Chemie der Universität Halle unabkömmlich zu stellen.

In Vertretung.
gez. Dr. Altpeter

Stempel

Die Richtigkeit bescheinigt
Halle (Saale), den ______ 19__

Institut für Physikalische Chemie der Universität Halle

Abb. 5.10. Unabkömmlichkeitsbescheinigung für Heinz Dunken.

angeregten Dissertation über die Atomistik des Wittenberger Mediziners Daniel Sennert dokumentiert.[33] Eigenen Intentionen folgend unterstützte er dann seinen Lehrer vor allem bei dessen Propagierung eigenwilliger, weltanschaulich-naturwissenschaftlicher Anschauungen mit germanophiler Akzentuierung.[34] Jenseits dieses Metiers bearbeitete Ramsauer physikalisch-chemische Probleme, so z. B. die Streuung von Röntgenstrahlen an gasförmigen Stoffen.[35] Vielleicht aus taktischen Gründen und mangels wissenschaftlicher Mitarbeiter war Ramsauer später am halleschen Institut auch an der Schmiermittelforschung beteiligt.[36]

Zu Wolfs Schülern, die er als Studenten und Doktoranden in Kiel und Würzburg betreut hatte, zählte auch *Hans-Georg Trieschmann*, der 1935 in Kiel als planmäßiger Assistent promovieren konnte[37] und danach bis 1937 als Assistent der Notgemeinschaft der Deutschen Wissenschaft – der Vorgängerin der Deutschen Forschungsgemeinschaft (DFG) – in der Physikalisch-Chemischen Abteilung der Universität Würzburg tätig war. Unter beider Namen erschien dann 1937 / 1938 die „Praktische Einführung in die physikalische Chemie“ in zwei Teilen.[38] Die häufig genutzte Praktikumsanleitung erschien in der Nachkriegszeit neu aufgelegt in einem Band. Auch nachdem Trieschmann zur BASF nach Ludwigshafen gewechselt war, blieb der Kontakt erhalten, was sich für Wolf insbesondere nach 1945 als recht nützlich erwies.[39]

Die Chemie- und Biologievorlesungen von Wolf und Wilhelm Troll wurden auch von *Dorothea Kuhn* besucht. Sie war in der Physikalischen Chemie in Halle nach bestandenem Vorexamen als Hilfsassistentin tätig, bis sie im Juni 1945, wie ihre akademischen Lehrer Wolf und Troll, mit dem „Abderhalden-Transport“ in den Westen Deutschlands verbracht wurde.[40] Anfänglich mit erheblicher Unterstützung durch ihre beiden Förderer konnte Dorothea Kuhn bis zu ihrem Ableben als anerkannte und hochgeehrte Forscherin und leitende Mitarbeiterin für die umfassende Leopoldina-Ausgabe „Goethe – Die Schriften zur Naturwissenschaft“ in beiden Teilen Deutschlands wirken.

Wenngleich dem Bemühen Wolfs, eine weitläufige, nicht ausschließlich in der physikalischen Chemie verwurzelte wissenschaftliche Schule zu begründen, der Zweite Weltkrieg und der Zusammenbruch Deutschlands entgegenstanden, sind besonders interessante physikalisch-chemische

Abb. 5.11. Dorothea Kuhn.

Abb. 5.12. Wilhelm Troll, 1945.

Forschungsfelder in der Nachfolge durch einige seiner Schüler erfolgreich weiterbearbeitet und ausgebaut worden. So beispielsweise das von Wolf intensiv beforschte Gebiet der Morphologie und der Ordnungszustände von Flüssigkeiten[41] durch Horst Sackmann. Dieser nutzte die verschiedenen theoretischen und experimentellen Methoden, mittels derer in großem Umfang Struktur-Eigenschafts-Zusammenhänge von reinen und gemischten Flüssigkeiten von seinem Lehrer untersucht worden waren. Sackmann erweiterte später dieses Forschungsfeld durch Einbeziehung fester Phasen und von Schmelz- bzw. Erstarrungsgleichgewichten.[42] Diese Ausdehnung erfasste alsbald auch die kristallinen Flüssigkeiten mit außergewöhnlicher Forschungsintensität.[43] Auf Einzelheiten wird später zurückzukommen sein.

5.4 Expansionsdrang

Wolf wollte sich keineswegs mit den im Gutachten Karl Zieglers benannten räumlichen Beschränkungen abfinden. Vielmehr war er darauf bedacht, sein Institut mit ausreichenden räumlichen Kapazitäten auszustatten und mittels Nachdruck Erweiterungsmöglichkeiten zu erschließen. Zunächst musste er sich aber mit den Arbeitsräumen seines Vorgängers Carl Tubandt im zweiten Stockwerk des Mühlpforte-Gebäudes begnügen. Ursprünglich bildeten diese seit 1882 die Dienstwohnung Jacob Volhards, des Direktors des Chemischen Instituts der damals noch „Vereinigte Friedrichs-Universität Halle-Wittenberg" genannten Universität. Doch im Jahr 1909 wurde diese Wohnung nach Auszug der Familie Volhard schließlich aufgegeben.[44] Durch Umbau konnten die freigewordenen Räume dann von der physikalisch-chemischen Abteilung, später vom 1932 gegründeten Institut für Physikalische Chemie, das Carl Tubandt leitete, übernommen und genutzt werden. Ab Jahresende 1937 verfügte also Wolf über diese Arbeitsräume. Das war für ihn vorerst eine relativ komfortable Lösung. Schließlich beherbergte der verhältnismäßig kleine Gebäudekomplex Mühlpforte in den Jahren 1937 / 38 drei Institute: Neben der Physikalischen Chemie das von Karl Ziegler geleitete (eigentliche) Chemische Institut sowie das von Carl August Rojahn vertretene Institut für Pharmazie und Lebensmittelchemie. Das Letztere hatte, gemessen an Ausstattung sowie Zahl der Studenten und Doktoranden, in den dreißiger Jahren eine sehr erfreuliche Entwicklung genommen.[45] Trotzdem musste es nach ministerieller Anordnung im Herbst 1938 geschlossen werden, nachdem Rojahn bereits im Dezember 1937 an die Universität Breslau versetzt worden war. Das zunächst noch nicht abgewickelte, jedoch herrenlose Institut weckte zwischenzeitlich wegen des zu erwartenden Zugewinns an Räumen, Mitarbeiterstellen und Etats sowohl bei Karl Ziegler als auch bei Wolf Begehrlichkeiten, die in mehreren, gemeinsam verfassten Schreiben an Magnifizenz Weigelt angemeldet wurden.[46] Ende 1938 konnten dann die verlassenen Lokalitäten samt Inventar zwischen den beiden verbliebenen Instituten aufgeteilt werden. Damit war jedoch der Raumbedarf des wolfschen Instituts keineswegs gedeckt.

Exkurs: Katakomben der Wissenschaft

Das zweiflügelige, direkt neben dem halleschen Dom gelegene Gebäude am Domplatz 4 ist ebenso wie die „Mühlpforte“ mit einer interessanten Geschichte verbunden. In das ursprünglich von zwei Kliniken ausgefüllte Haus zog 1886 die Zoologie ein. Die Zoologen konnten aber vorerst nur einen Teil dieses Hauses nutzen. Insbesondere im an den Domgarten angrenzenden dreigeschossigen Südflügel befand sich im Erdgeschoss die Bibliothek der Kaiserlichen Leopoldinisch-Carolinischen Deutschen Akademie der Naturforscher (**Abb. 5.13.**).[47]

Die Leopoldina war 1878 aus Dresden nach Halle gekommen. Zunächst hatte die Akademie jedoch Räume im Nordflügel des Hauses am Domplatz bezogen. Später war man vom Hauptgebäude separiert in das Parterre des Südflügels umgezogen und verblieb dort bis 1904. Erst dann stand der Gelehrtenakademie ein eigenes Haus in Halle einschließlich Bibliothek in der heutigen August-Bebel-Straße zur Verfügung. Nunmehr ermöglichte das freigewordene Parterre im Südflügel eine räumliche Erweiterung der zoologischen Sammlungen, für deren sachgerechte Aufbewahrung und Präsentation die darüber liegenden Kammern und Nischen im ersten Obergeschoss vordem hatten ausreichen müssen.[48]

Das Souterrain des Gebäudes enthielt die Wohnräume des „Portiers“ sowie Kohlenkeller und Vorratskammern. Insbesondere der interessierende Südflügel bestand im Kellergeschoss aus einem langgestreckten Gang und mehreren, heutzutage katakombenartig anmutenden Räumlichkeiten, die mit einer wechselvollen Geschichte verknüpft sind. Einer erweiterten Nutzung dieses Areals waren zunächst aus praktischen Gründen – hohe Feuchtigkeit, unzulängliche Energieversorgung, eingeschränkter Zugang – enge Grenzen gesetzt.

Trotzdem wurden in den 1930er Jahren wegen des wachsenden Raumbedarfs auch von außen Nutzungsbegehren angemeldet. Als 1938 die Polizei beispielsweise Kellerräume zur Lagerung unter anderem von Gasmasken in Anspruch nehmen wollte, wies der Zoologie-Dozent Gotthilft von Studnitz in Vertretung des Institutsdirektors von Buddenbrock-Hettersdorf darauf hin, dass „bereits einige Kellerräume an das Physiko-Chemische Institut“ abgetreten worden seien.[49] Eben in jenen Räumen

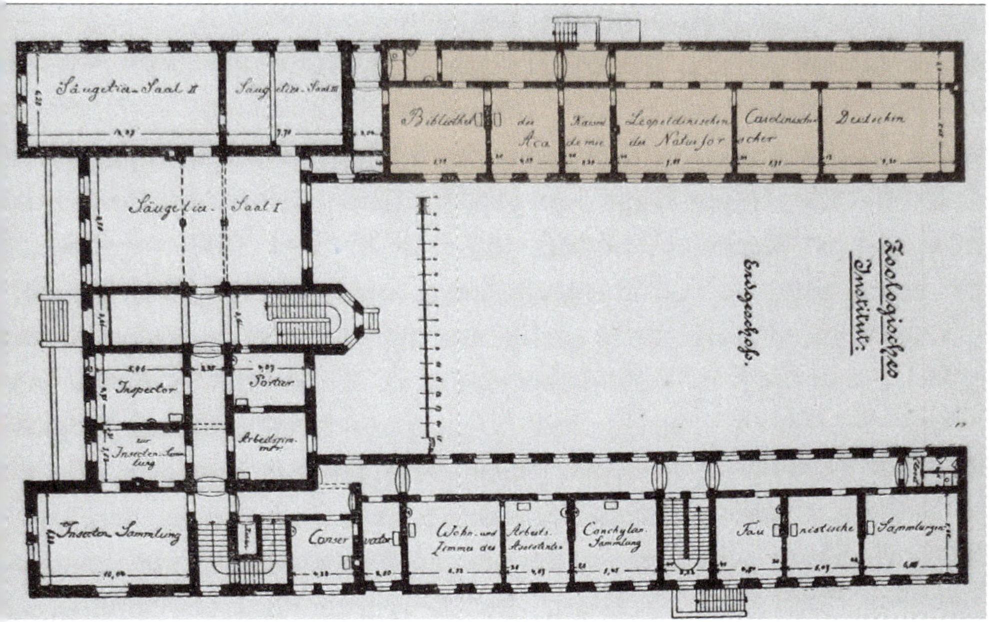

Abb. 5.13. Die Bibliothek der Leopoldina im Zoologischen Institut, um 1885. (Aus Taschenberg 1894, 121).

hatte Wolf eine Mechanikerwerkstatt für die Wartung bzw. für den Bau von Laborgeräten einrichten lassen (Abb. 5.14.). Später diente der gesamte Kellertrakt als „Vierjahresplaninstitut für Grenzflächenforschung“ (Abb. 5.15.). Vom Hof des inzwischen verlassenen Chemischen Instituts zeigen sich heutzutage die beiden benachbarten Häuser vor den Rundgiebeln der Domkirche (Abb. 5.16.). Der Kellertrakt (Zoologie) und die Südostecke (Chemie) waren früher durch ein Nebengelass miteinander verbunden (Abb. 5.17.).

Nach 1945 gehörte der – nunmehr rekonstruierte – „Keller“ zeitweise zum physikalisch-chemischen Fortgeschrittenenpraktikum und diente als Arbeitsbereich für eine Forschungsgruppe „Modellmembranen“, die von dem Physikochemiker Hans-Dieter Dörfler geleitet wurde. Mit dem Auszug der Physikalischen Chemie aus dem Grundstück Mühlpforte im

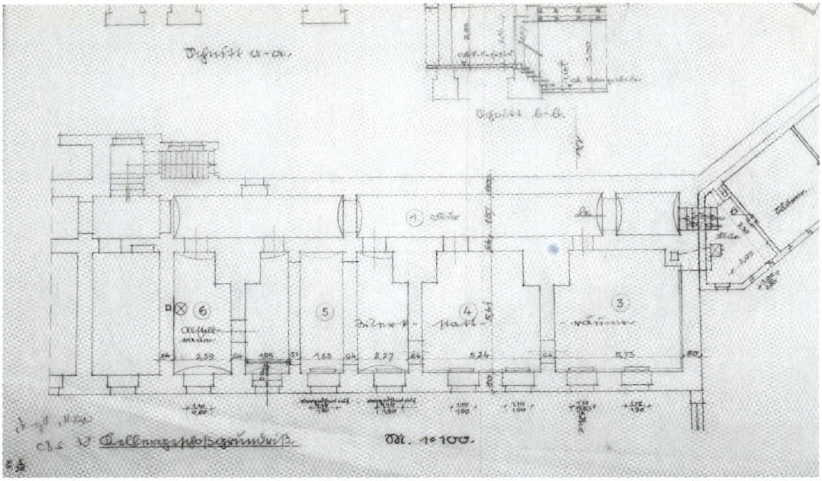

Abb. 5.14. Die Institutswerkstatt im Kellertrakt des Zoologiegebäudes.

Jahr 2009 gelangte das Souterrain wieder in den Verfügungsbereich des Zoologischen Instituts. Neuerdings ist es dem Zentralmagazin Naturwissenschaftlicher Sammlungen zugeteilt worden.[50]

5.5 Das Vierjahresplaninstitut für Grenzflächenforschung

Die politischen und wirtschaftlichen Verhältnisse im Allgemeinen sowie die Vergrößerung der räumlichen und personellen Kapazitäten des Instituts im Besonderen ermöglichten nunmehr ein noch stärkeres Arrangement mit Orientierung an kriegsbedingten Forschungs- und Entwicklungsvorhaben. Diese Hinwendung fand in der Einrichtung des „Vierjahresplaninstituts für Grenzflächenforschung" unter Wolfs Leitung ihren Höhepunkt. Wie es zu dieser Entscheidung kam, ist allerdings nicht ganz

Abb. 5.15. (rechts) Die Lage der historischen Gebäude zwischen Domplatz und Mühlgraben sowie des Grenzflächen- (Vierjahresplan-)Instituts als Dependance des Physikalisch-chemischen Instituts (vermutlich 1944).

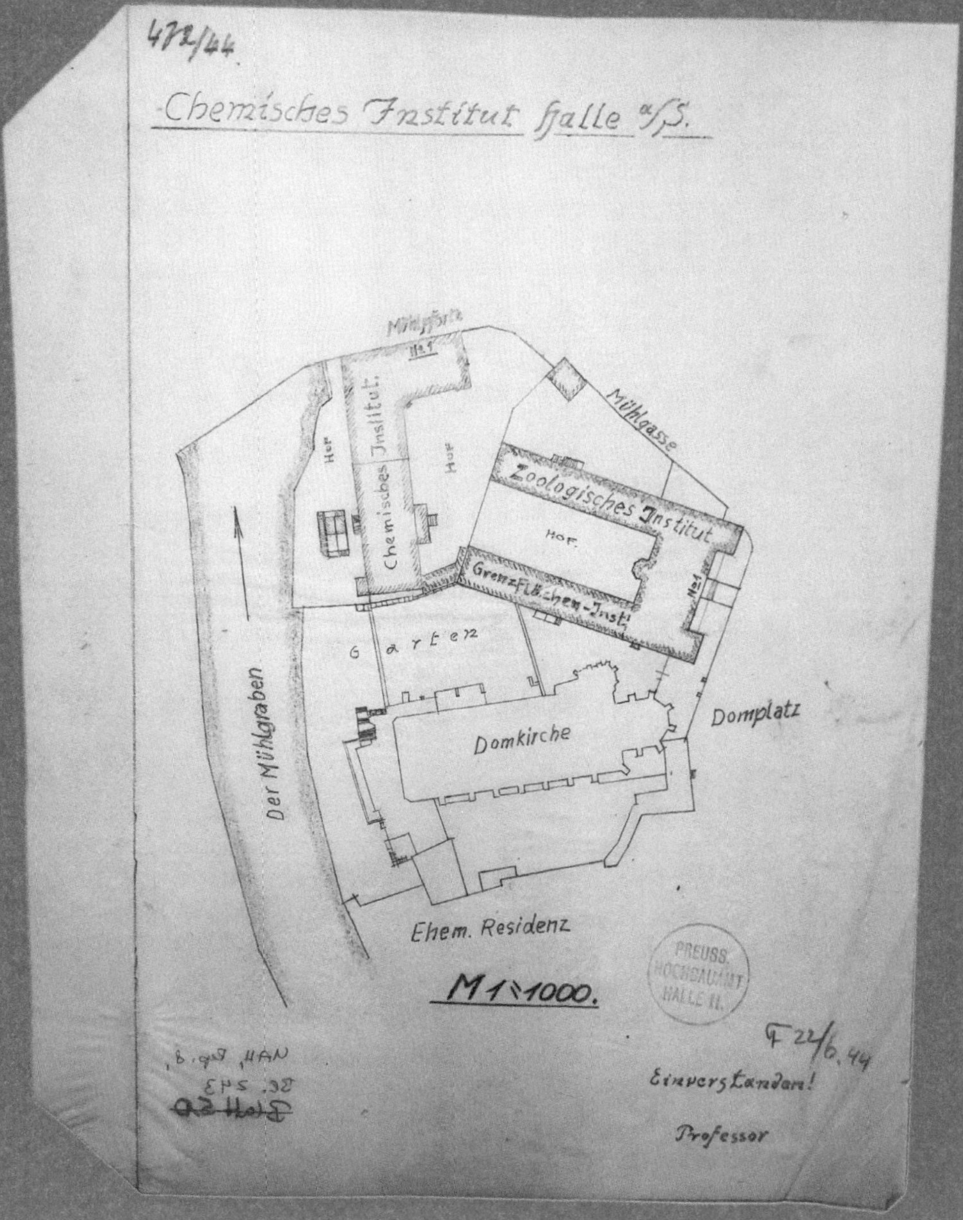

472/44.
Chemisches Institut Halle a/S.
Mühlgasse
Hof
Chemisches Institut
Hof
Zoologisches Institut
Hof
Grenzflächen-Inst.
Garten
Domkirche
Domplatz
Der Mühlgraben
Ehem. Residenz
M 1:1000.
PREUSS. HOCHBAUAMT HALLE II.
F 22/6. 44
Einverstanden!
Professor

Abb. 5.16. Die benachbarten ehemaligen Universitätsinstitute der Chemie (rechts) und der Zoologie (links, jetzt Zentralmagazin Naturwissenschaftlicher Sammlungen) mit der Silhouette des halleschen Doms im Hintergrund.

plausibel, denn Grenzflächen- und Schmierölforschung beanspruchten bis zu jener Zeit – verglichen beispielsweise mit dem Institut für chemische Technologie an der Technischen Hochschule München – nur einen sehr bescheidenen Bereich auf der wolfschen Themenpalette. Die insgesamt 38 bis 1944 eingerichteten Vierjahresplaninstitute[51] bildeten einen bedeutenden Teil der kriegsorientierten Forschungsziele im National-

Abb. 5.17. Kellergang des seinerzeitigen Vierjahresplaninstituts (2024).

sozialismus. Dabei „handelte es sich in der Regel um bereits existierende Forschungseinrichtungen, die mit dem Vierjahresplan-Label versehen und vom RWA finanziert und kontrolliert wurden."[52]

Wolf gehörte damit zur Elite der NS-Rüstungsforschung, zu der unter anderem von der Universität München Egon Wiberg und Klaus Clusius, von der TH Dresden Kurt Schwabe, von der Universität Heidelberg Karl

Freudenberg und von der Universität Straßburg Walter Noddack gehörten und die alle derartige Vierjahresplaninstitute eingerichtet hatten. Die ursprüngliche Absicht des I. G. Farben-Aufsichtsrats und Generalbevollmächtigten für Sonderfragen der Chemischen Erzeugung, Carl Krauch, die Institute wissenschaftlich und personell getrennt von den Hochschulen zu betreiben, war in der relativ kurzen Zeitspanne nicht zu realisieren. Vielmehr ergaben sich meist enge Verflechtungen.

Bereits 1937 hatte Wolf den Generaldirektor der Kaiser-Wilhelm-Gesellschaft, Ernst Telschow, als Antragsteller für eine Sachbeihilfe unter der Überschrift „Untersuchungen auf dem Gebiet der Mineralöle und Treibstoffe" gewinnen können,[53] obwohl Telschow auf diesem Terrain über keine Expertise verfügt haben dürfte. Der Fachausschuss des Reichsforschungsrates lehnte den Antrag mit der Begründung ab, dass „Wolf kurz zuvor Mittel bewilligt worden waren." Man bezog sich offenbar auf einen vorangegangenen Stipendienantrag für Helmut Harms zum gleichen Thema (Kohlenwasserstoffe und Schmierwirkung).[54] Überdies hätte Wolf eigentlich erahnen können, dass sich der einflussreiche und entscheidungsbefugte Albert Wolfgang Schmidt als Fachspartenleiter Treibstoffe im Reichsforschungsrat auch von einer Einflussnahme Telschows nicht beeindrucken lassen würde.

Dann folgte 1939 ein Vertrag mit dem RWA über „vierjahresplanwichtige" Forschungsarbeiten zur technischen Schmierung. Dieser Auftrag wurde 1941 von der Deutschen Versuchsanstalt für Luftfahrt (Berlin-Adlershof) konkretisiert, nachdem dieser bereits 1940 der Sonderstufe S zugeordnet worden war.[55] Generell hing die Zuordnung der Dringlichkeitsstufen S, SS und DE von der Kriegswichtigkeit der Forschungsvorhaben ab; nur besonderen Arbeiten und erst nach Zustimmung des Rüstungsministers Albert Speer wurde die Stufe DE erteilt. Um eine Inflation von Einstufungen sowie deren Missbrauch zu unterbinden, gab es ab 1942 nur noch die Stufen SS bzw. DE.[56] Und im Sommer 1942 ließ sich Wolf bescheinigen, dass seine

> „Arbeiten, betreffend technische Schmierung bzw. Herstellung synthetischer Schmiermittel auf Basis von Austauschstoffen, für die Fortführung des Mineralöl- insbesondere Schmieröl-Programms von großer

Bedeutung sind. Infolge der kriegsentscheidenden Wichtigkeit des Mineralöl-Programms wird dieses praktisch restlos in den beiden Sonderstufen SS und S durchgeführt."[57]

Darauf bezog sich ein weiterer, dem Vierjahresplaninstitut erteilter Forschungsauftrag mit der Dringlichkeitsstufe SS zum Thema „Ausdehnung laufender Versuche über die mechanischen Eigenschaften von Grenzflächen auf die Frage des Leimens und Klebens, insbesondere von Kunststoffen", welchen 1944 der genannte Fachausschuss bewilligt hatte.[58]

Wolf war gleichwohl nicht der Einzige, der mit einem SS-Auftrag bedacht worden war. Seinem Kollegen Karl Ziegler wurde 1944 ein Forschungsauftrag vom Fachausschuss Bergbau und Hüttenwesen mit der Dringlichkeitsstufe SS bewilligt.[59] Und Wolfs Leipziger Kollege Karl-Friedrich Bonhoeffer erhielt im gleichen Jahr den SS-Auftrag, Untersuchungen von Leuchtstofflampen durchzuführen.[60]

Derart aufgewertet ließ der Institutsdirektor das Vierjahresplaninstitut in den oben beschriebenen Kellerräumen einrichten.[61] Zuständig dafür war Heinz Dunken, dem zeitweilig einige Mitwirkende, beispielsweise Helmut Harms, Rembert Ramsauer und als wissenschaftliche Hilfskraft Gisela Metzger, zur Seite standen. Es ist leicht vorstellbar, dass die Arbeit in dem feuchtkalten, dunklen Souterrain und der Umgang mit Ölen und Fetten höchst unangenehm und gesundheitsschädigend gewesen sein muss.

Überlieferte Berichte über die Arbeiten im Vierjahresplaninstitut offenbaren eine beachtliche Geschicklichkeit beim Brückenschlag zwischen der physikalisch-chemischen Grundlagenforschung des Instituts hin zu aktuellen Aufgaben und kriegsbedingten Anforderungen der Schmierstoffentwicklung. So referierte Harms anlässlich einer Schmierstofftagung in Berlin-Adlershof zunächst sehr ausführlich über allgemeine Eigenschaften des flüssigen Zustandes, bevor er knapp auf Bemühungen zur Herstellung von Gemischen mit möglichst geringer Temperaturabhängigkeit der Viskosität (eine technisch eminent wichtige Einsatzvoraussetzung für Schmiermittel) einging. Man konnte dabei auch auf umfangreiche eigene Untersuchungen zurückgreifen.[62] Die „sowohl als auch"-Strategie wird in der Einleitung seines Beitrages[63] klar umrissen:

„Wir sind seit Jahren der Überzeugung, daß für viele Probleme der technischen Schmierung, wir denken insbesondere an den Zusammenhang zwischen den mechanischen Eigenschaften der Schmiermittel und deren chemische Konstitution und an Fragen, die die Teil-, Grenz- und Trockenreibung, insbesondere die Reibung in engen Lagerspalten betreffen, die molekularphysikalische Betrachtungsweise eine den Problemen am besten angepaßte wissenschaftliche Grundlage darstellt."

5.6 Trotzdem: Grundlagenforschung

Bei gleicher Gelegenheit berichtete Dunken „Über den Ordnungszustand der Moleküle in Grenzflächen, insbesondere an metallischen Grenzflächen".[64] Der Vortrag behandelte im Wesentlichen die Ergebnisse seiner Habilitationsarbeit, bei der es um das Grenzflächenverhalten von üblichen Kohlenwasserstoffen und Alkoholen auf Quecksilber ging.[65] Auch in diesem Beitrag überwog die Erläuterung grenzflächenphysikalischer Grundlagen ohne direkten stofflichen Bezug auf technische Schmiermittel.

Etwas weniger akademisch und dafür anwendungsnäher fiel ein Jahr später im „Jahrbuch der deutschen Luftfahrtforschung" (1942) der Beitrag Dunkens „Über die Adsorption gelöster Dipolmoleküle an festen Metallen" aus.[66] Darin wurde die technisch außerordentlich wichtige Haftreibung aus der Perspektive des messtechnisch sehr einfach ausgestatteten halleschen Laboratoriums behandelt. Er hatte mit einer selbstgebauten Messvorrichtung die Adsorption von Stearinsäure an verschiedenen Metallen und die Auswirkung auf die Haftreibung untersucht. Allein die starke Abhängigkeit der Messergebnisse von der Beschaffenheit der Metalloberflächen, bereitete – aus heutiger Sicht verständlicherweise – trotz aller Bemühungen bezüglich der Reproduzierbarkeit und Interpretation größte Schwierigkeiten. Es muss deshalb bezweifelt werden, dass solche Untersuchungen für die Schmiermittelpraxis relevant sein konnten.

Man muss es Wolf wohl zugestehen, dass er das Vierjahresplanprojekt vor allem aus taktischen Erwägungen – u. k.-Stellung von Mitarbeitern, Erschließung zusätzlicher Geldquellen, räumliche Erweiterung, Aufwertung seines Renommees – und weniger aus wissenschaftlichem Interesse durchgesetzt hatte. Denn in den 30 Beihilfeanträgen, die von ihm bis 1945 an den Reichsforschungsrat und die Notgemeinschaft gestellt worden waren, ging es mehrheitlich um sein Generalthema „Konstitution und Kohäsion in Flüssigkeiten". Schon 1928 war ihm eine Sachbeihilfe für „Die Messung von Dielektrizitätskonstanten mit Absorptionsmessungen, um Aufschlüsse über die Bedeutung der permanenten Dipole für die organische Chemie zu erhalten" von der Notgemeinschaft bewilligt worden. Da es sich aber bald gezeigt hatte, dass Zusammenhänge zwischen einer wahllosen Ansammlung isolierter, von ihrer jeweiligen Nachbarschaft unabhängiger Moleküle, mit Ergebnissen von Messmethoden, die keine Signalauflösung in Moleküldimensionen gestatteten (für nichtkristalline Körper sind solche Methoden erst später entwickelt worden) oft nicht erkennbar sein konnten, fanden nunmehr zwischenmolekulare Wechselwirkungseffekte stärkere Beachtung. Wolf bezeichnete solche von Kräften unterschiedlicher Art zusammengehaltenen großen Molekülverbände als „Übermoleküle". Unter dem summarischen Titel „Untersuchungen über den Ordnungszustand der Moleküle in Flüssigkeiten" konnten dazu ab 1935 acht Beihilfebewilligungen erhalten werden.[67] Die Ergebnisse der zu diesem Komplex angestellten, sehr umfangreichen Untersuchungen sind, soweit sie nicht von technischer Relevanz waren, 1949 nachträglich in einer Übersichtsveröffentlichung dargestellt worden.[68]

Das Forschungsgebiet Wolfs entsprach vor allem den Wünschen der organischen Chemie. Der experimentierende „Organiker" erwartete Vorhersagemöglichkeiten und allgemeine Regeln für den Ablauf chemischer Reaktionen und für die Eigenschaften der zu erwartenden Reaktionsprodukte, vor allem hinsichtlich Reaktivität, Schmelz- und Siedetemperatur, Löslichkeit, Mischbarkeit, Stabilität und Farbe.[69] Solche Prognosen hoffte man aus systematischen Untersuchungen und Messungen physikalischer Eigenschaften, wie beispielsweise Dielektrizitätskonstante, Molekularrefraktion, Kerrkonstante, Dipol- und Quadrupolmomente, Absorptionsspektren, Verbrennungs-, Schmelz-, Sublimations-, Verdampfungs- und Lösungswärmen sowie Molekülmodellen ableiten zu können. Diese Erwartungen lösten beträchtliche Aktivitäten von Physikern und Physikochemikern für die Beibringung von Stoffwerten aller Art, für deren konfigurationsabhängige Klassifizierung und für deren Verstehen aus.

Auf diesem Feld war Wolf selbstredend nicht der einzige „Bauer". Wichtige Beiträge kamen unter anderem von:

Peter Debye: Wärmekapazitäten, Dipolmomente und chemische Strukturen;
Reinhard Mecke: Infrarot-Spektroskopie;
Walter Hückel: Stereochemie, Assoziationseffekte;
Werner Kuhn: Photochemie;
Herbert Arthur Stuart: Optische Doppelbrechung, innere Reibung;
Günther Briegleb: Molekülaggregationen.

Im anglo-amerikanischen Raum war gleichzeitig eine große Zahl von Chemikern und Physikern auf breiter Front aufgebrochen, um Strukturen von kleinen und großen Teilchen und deren Wechselwirkungen sowie Reaktionsmöglichkeiten zu erforschen. Sie nutzten dafür vorbehaltlos die Methoden der Quantenmechanik. Exemplarisch seien genannt:

John E. Lennard-Jones: Zwischenmolekulare Kräfte;
Linus Pauling: Bindungstheorie, komplexe Strukturen;
John Kirkwood: Statistische Mechanik von Flüssigkeiten;
Charles Coulson: Molekülorbitale.

Wichtiger denn je wurde nun die Verfügbarkeit der zunächst in Einzelmitteilungen offenbarten Untersuchungsergebnisse durch Datensammlungen. Dies geschah tabellarisch in Fachbüchern, in Monographien oder in Enzyklopädien. Beispiele:

- O. Fuchs, K. L. Wolf: Tabelle aller bisher gemessenen Dipolmomente.[70]
- W. Hückel: Theoretische Grundlagen der Organischen Chemie, Band 2. Das vom Bruder Walter Hückels, dem Quantentheoretiker Erich Hückel, angeregte und begleitete Werk („der Hückel") enthielt unter dem Stichwort „Siedepunktsregeln" Tabellen mit Angaben zu Siedetemperatur, Molekularrefraktion, Dichte und Brechungsindex für zahlreiche Substanzen unterschiedlicher Konstitution.[71]

- Das Tabellen- und Nachschlagewerk „Landolt-Börnstein", dessen 1893 erschienene Erstauflage noch aus einem Band bestand. Dagegen umfasste die zwischen 1923 und 1936 herausgebrachte fünfte Auflage bereits acht Bände mit Tabellen physikalisch-chemischer Daten.[72] Die Zahlenwertsammlung – heute die größte weltweit – bildete fortan das Herzstück der Bibliotheken naturwissenschaftlicher Institute.

Aus diesen alten und heute weitgehend überholten gedruckten Datenzusammenstellungen lässt sich entnehmen, dass Wolf und seine Schüler fraglos zu den experimentell produktivsten Physikochemikern jener Zeit gehörten.

Das gegenseitig befruchtende Wirken von Physikochemikern und Physikern einerseits, sowie die von Praktikern und Theoretikern der organischen Chemie andererseits, hat die Chemie in diesen Dekaden entscheidend vorangebracht. Alternative Strategien, wie sie später die Quantenmechanik und die Quantenchemie boten, konnten zu jener Zeit die oben formulierten Erwartungen noch nicht erfüllen. Im Übrigen verhielten sich die Protagonisten der experimentellen organischen Chemie gegenüber „neumodischen" Theorieentwicklungen häufig sehr zurückhaltend.[73]

5.7 Versuch einer gestalthaften Chemie

Um dem naturwissenschaftlichen und weltanschaulichen Habitus Wolfs näherzutreten und vielleicht auch zu verstehen, möge seine „Theoretische Chemie – Eine Einführung vom Standpunkt einer gestalthaften Atomlehre" als Musterbeispiel betrachtet werden (**Abb. 5.18.**). Die erste Auflage des Buches, das – gemessen an seinem Inhalt – eigentlich den Titel „Das Gestalt-Konzept in der chemischen Physik" tragen müsste, erschien ab 1941 zunächst in drei Teilen:

1. Das Atom;
2. Das Molekül;
3. Das gebundene Molekül.[74]

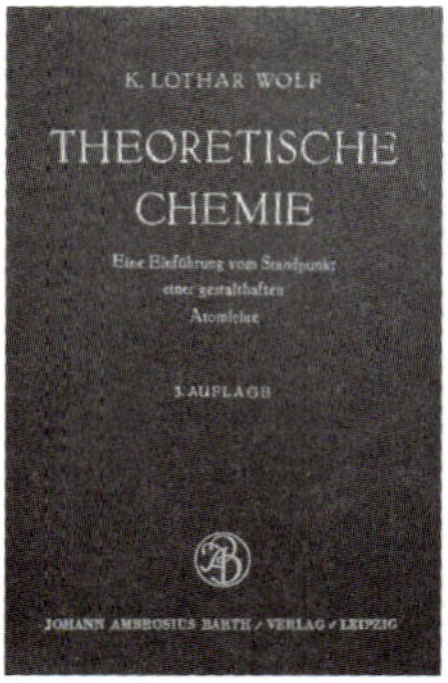

Abb. 5.18. Frontdeckel: Theoretische Chemie, hier die dritte Auflage von 1954.

Eine dritte ungeteilte Auflage gab es 1954.[75] Um das Jahr 1940 standen allerdings schon bewährte Lehrbücher über Theoretische und Physikalische Chemie zur Verfügung. Abgesehen von dem Klassiker, dem von John Eggert bereits 1926 in der ersten und 1937 in der vierten Auflage erschienen Lehrbuch,[76] ist auch Arnold Euckens Lehrbuch der chemischen Physik zu nennen, das 1938 bereits in der zweiten Auflage verfügbar war.[77] Und schließlich hatte Wolfs Lehrstuhlnachfolger an der Universität Kiel, Werner Kuhn, 1938 ein sehr gut gestaltetes, handliches Kompendium verfasst.[78] Bezüglich des rein Fachlichen gehörte die wolfsche Einführung in die Reihe der genannten Editionen. Es lag eine umfassende Darstellung dessen vor, was treffender als Chemische Physik hätte bezeichnet werden können, die die Handschrift des erfahrenen Hochschullehrers erkennen ließ. Sein primäres Anliegen sah er freilich darin,

> „diejenige Betrachtung wieder in der Chemie vorzüglich zur Geltung kommen zu lassen, in welcher allein die natürliche (und gestufte) Ordnung in der Fülle der Gestalten offenbar werden kann."

Dazu ließ der Autor auch eigene Forschungsergebnisse in didaktisch ansprechender Weise einfließen, so beispielsweise in die ausführlichen Kapitel über Flüssigkeiten und über Moleküle in Grenzflächen. Jenseits dessen enthält aber das Buch einige herausfordernde Ausführungen und Wichtungen, welche sowohl die wissenschaftstheoretischen als auch die weltanschaulichen Positionen des Autors betreffen.

Diese Spezifika betreffen vor allem Wolfs Auslegung und spezielle Adaption des Gestalt- oder Morphologie-Konzeptes sowie umfassende historische und ideologische Diskurse in gelegentlich konfrontativer Diktion.

Spätestens seit Friedrich Schiller und Johann Wolfgang von Goethe stellt die Gestalttheorie einen universalen, disziplinübergreifenden Ansatz der Kultur- und Kunstphilosophie dar.[79] Unter den viele Druckseiten füllenden Bemühungen, den geheimnisvoll anmutenden Gestaltbegriff auch dem Laien näherzubringen, wäre nach Wolf an Schiller zu denken:

> „Nicht zufällig mißt Schiller der Idee der ‚lebenden Gestalt' eine zentrale Bedeutung innerhalb seines Entwurfs einer ‚ästhetischen Erziehung des Menschen' bei, kommt ihr doch die wichtige und ehrenvolle Aufgabe zu, zwischen zwei auseinander strebenden, wenn nicht gar diametral entgegengesetzten anthropologischen Neigungen, dem Stofftrieb und dem Formtrieb, zu vermitteln und beide in einer höheren Synthese aufzuheben, die nur im Bereich der Kunst möglich sei."[80]

Über das Gelingen dieser höheren Synthese haben sich seitdem zahlreiche Kunst- und Wissenschaftstheoretiker Gedanken gemacht. Fürs Erste mag der von Stefan George stammende Begriff „Denkbild" als gedankliche, nachhaltige Inspiration, die aus aktiver – heute würde man sagen „innovativer" –, über Funktion und äußerer Form hinausgehender Wahrnehmung einer Erscheinung besteht, das Verstehen erleichtern. Im naturwissenschaftlichen Alltagsbetrieb wird die so verstandene höhere Synthese eines metaphysischen, quasi-ätherischen Mediums als Erkenntnisvorstufe allerdings nur selten Priorität gewinnen können. Dagegen spielt die Gestalttheorie nach wie vor eine vieldiskutierte Rolle in der Wissenschaftsforschung,[81] in der Philosophie, in der Psychologie, in der Biologie und neuerdings auch in der Informationswissenschaft.[82]

Geistesgeschichtlich war der Boden längst bereitet, auf dem Wolf den Versuch unternahm, das Gestaltkonzept in die Chemie zu implementieren. Denn schon um die Jahrhundertwende 1899/1900 stieß dieses Konzept auf anwachsendes Interesse als Reaktion auf gesellschaftliche Modernisierungsvorgänge und bahnbrechende wissenschaftliche Fortschritte, die sensible Geister zu überfordern drohten. Die Gießener Literaturwissenschaftlerin Annette Simonis resümiert:

> „Daher verwundert es nicht, wenn der Gestaltbegriff in der zeitgenössischen Kulturkritik um 1900 einen konjunkturalen Aufschwung verzeichnet, zu einem beliebten Modewort und wirkungsvollen Attraktor avanciert. Es sind vor allem die extremen Positionen eines Ernst Jünger oder, am anderen Ende der Skala, Carl Einstein, die sich das holistische Gestaltkonzept zu eigen machen, um aus ihm die nötigen Energien im Kampf gegen den fortschreitenden Differenzierungstrend der modernen Gesellschaft und einen vermeintlichen Werteverfall in einer augenscheinlich sinnentleerten modernisierten Umwelt zu beziehen."[83]

Dass es in Deutschland vorwiegend jüdische Wissenschaftler waren, die sich dem Gestaltproblem gewidmet hatten, störte Wolf offenbar nicht. Denn dazu gehörten unter anderem der Kunsthistoriker und Schriftsteller Carl Einstein und die Philosophen Theodor W. Adorno sowie Walter Benjamin. Aufgrund der NS-Rassengesetze mussten sie Deutschland nach 1933 verlassen und sich einer ungewissen Zukunft stellen. Andererseits kam es den Ansichten Wolfs entgegen, dass Goethes Gestaltauffassung die Möglichkeit eröffnete, das ganze Thema als exklusiven Bestandteil einer deutschen Denktradition zu behandeln, was dem nationalsozialistischen Wertekanon entsprach.

Was verstand Wolf unter „gestalthaft" und wie versuchte er, die Gestalttheorie als eigentlich vorrangiges Sujet der Psychologie, Kultur- und Kunstphilosophie in die Chemie einzubringen? Es geschah hauptsächlich in der Weise, dass er die von ihm bevorzugte normale morphologische Betrachtung von Strukturen und Abläufen als gestalttheoretische Handlungsanweisung verstand. Dazu schrieb er mit ausdrücklichem Bezug auf die Atomlehre des Wittenberger Arztes und Atomistikers Daniel Sennert:

> „Soll aber über den Stoff und seine Metamorphosen gehandelt werden – und das ist der Gegenstand des heute als Chemie bezeichneten, der Physik überlagerten Zweiges der Naturwissenschaft – so ist, nachdem der substantielle Bestand nach dem Erhaltungssatz gesichert erscheint, noch über die Gestalt und die Grenzen ihrer Erhaltung zu handeln."[84]

Und Wolf hielt weiter an gleicher Stelle fest: Die Gestalt habe keine Teile, keine Menge, sie schaffe Typen, sie sei gegliedert und stets unversehrt.

> „In vielerlei Gestalten oder Formen ist die Substanz. Ob leibhafter Stoff, ob wirkende Energie, gestaltet ist die Substanz überall. Wo immer Natur ist, ist Gestalt; wie nichts ist ohne Substanz, so ist nichts ohne Gestalt."
> „Von der Substanz, nicht soweit sie tastbar und hart ist – das entspräche der Lehre des auf Demokrit begründeten stoffgläubigen Rationalismus – sondern soweit sie mit innewohnenden Formen begabt ist, gehen alle Qualitäten aus."

Gestalten könnten in zusammengesetzten Systemen in Vielzahl vorkommen.

> „Solche Körper, welche über die Elemente hinaus mehrere Gestalten einschließen, werden zusammengesetzt genannt. Koexistieren in einem Körper mehrere Gestalten, so tritt die edelste hervor und bestimmt Namen und Wesen"

An anderer Stelle wurde ausgeführt:

> „Mag die Physik mit ihren Methoden weiter in den Bereich des weniger Gestalteten, d. h. in den Bereich von Elektron, Proton, Neutron und Positron vorzudringen versuchen, die Chemie beginnt dort, wo die Substanz zuerst in den Gestalten der Atome der elementaren Stoffe sich ausprägt, umfaßt von da aus aufsteigend zu Gestalteinheiten höherer Organisation alle mit Gestalt begabte wägbare Substanz, d. h. alle Stoffe und endet dort, wo dem gestalthaften Stoff die höhere Gestalteinheit des Lebens überlagert ist."

Wie sich dieses Konstrukt anlässlich einer Diskussion über verschiedene Theorien zum Verhalten von Elektronen in Atomhüllen artikulierte, mögen folgende Auszüge illustrieren:[85]

> „Die sogenannte klassische Physik, deren Unzulänglichkeit [...] in den letzten Jahrzehnten allgemein hervortrat, weiß in ihrer auf Newton zurückgehenden Form nichts mehr von den sinngebenden Seinsformen. [...] Seit jedoch Newton Keplers den Sinn erfragende morphologische Betrachtung in einen sinnentleerten Formalismus verengte, sind – unter dem Einfluß des der exakten sinnlichen Phantasie entbehrenden Rationalismus – Keplers Ansätze dem Bewußtsein der Physik entschwunden; man vergaß, daß die Frage nach der Stabilität eines körperlichen Gebildes immer und zuvorderst auch die Frage nach seiner gestaltlichen Harmonie ist."

Es darf wohl gefragt werden, ob dieser Stil für eine Einführung in die (theoretische) Chemie angemessen sein konnte. Jedenfalls hätte Wolf den Versuch, die Adaption des Gestaltkonzepts in die Chemie, nach seiner Auffassung, dem Lehrbuchnutzer als innovativ nahezubringen, durch eine weniger ausschweifende Erklärung wesentlich erleichtern können. Beispielsweise: Gestalt sei eine Wahrnehmung jeglicher Art, deren kleinste, konstituierende Bestandteile alle Eigenschaften und Fähigkeiten der Wahrnehmung aufweisen. Jenseits der Naturwissenschaften wird eine solche emotionsarme Definition verständlicherweise auf wenig Akzeptanz stoßen können. Denn eine „Gestalt" lebt von den wechselseitigen Bezügen zwischen Form, Größe, Funktion, Zweck und Sinn einer Erscheinung bzw. eines Objektes. Der Versuch Wolfs, für die Chemie diesen Zusammenhang grundlegend darzustellen, hat mangels Überzeugungskraft keinen nennenswerten Widerhall erzeugt.

Angenommen, ein naturwissenschaftlicher Erkenntnis- oder Verstehenszuwachs stünde zur Disposition, ist es fraglich, weshalb die Schaffung eines Paralleluniversums, welches in der Chemie letztendlich entweder aus „mechanistischen" Atomen oder aus „Gestaltatomen"[86] bestehen soll, mindestens aus didaktischer Sicht hätte vorteilhaft sein sollen. Und es hat einen apodiktischen Beigeschmack, wenn geschrieben steht:

> „So wird hier wie dort (d.h. in der Physik und in der Chemie, d.V.) allein eine morphologische, eine urbildliche Behandlung die Bahn für ein echtes, den Gegenstand seinem vollen Umfang nach erfassendes Verständnis freizumachen vermögen. Darauf gründet sich letztlich der Anspruch, den die in Goethe zur schönsten Blüte gereifte schöpferisch-realistische Denkweise im Gesamtbereich der Naturwissenschaft zu erheben berechtigt ist."[87]

Auf diesen Aspekt ist Wolf in einer späteren Abhandlung über „Das Urbild des elementaren Atoms" noch einmal zurückgekommen.[88] Goethes Hoffnung, mit der Entdeckung einer Urpflanze als universeller Baustein höher organisierter natürlicher Systeme ein Grundverständnis für die Evolution in der Natur zu gewinnen, hatte sich als nicht erfüllbar erwiesen. Realistischer für eine „urbildliche" Betrachtung sei, so Wolf, die Situation in der Chemie, weil das

> „natürliche System der elementaren Stoffe (das sogenannte ‚periodische System der Elemente') in viel höherem Maße als jedes andere natürliche System jeder Fragwürdigkeit enthoben ist."

Das Urbild des elementaren Atoms solle eine Betrachtung ermöglichen, die „Goethes Forderung nach dem Schlüssel, nach dem man mögliche

Arten ins Unendliche erfinden kann" entspräche. Dass solche Bemühungen, „dem natürlichen System der elementaren Stoffe ein gleichwertiges System der Verbindungen an die Seite zu stellen", jemals erfolgreich und erkenntnisfördernd sein könnten, musste letztlich auch Wolf in seinen Anmerkungen bezweifeln.

Jenseits des Gestaltproblems enthält das Buch manche Eigenwilligkeiten, die wohl einem besonderen Anerkennungsbedürfnis des Autors zuzuschreiben sind. Beispielsweise macht es keinen seriösen Eindruck, wenn im Namens- und Sachverzeichnis Max Planck gar nicht, Wolf dafür aber mit sieben Seitenhinweisen erscheint.

Wolf hat es auch in seiner „Theoretischen Chemie", jedenfalls in den bis zum Ende des Dritten Reiches herausgebrachten Buchausgaben, nicht unterlassen können, seine naturphilosophischen Betrachtungen mit ideologisch-nationalistischen Auslassungen zu verknüpfen. So wird gleich am Anfang klargestellt, aus welcher Richtung der Wind zu wehen hat: Es ginge weniger um die „voreilige Verwertung ‚moderner' Ergebnisse und Theorien", die dem Geiste westlicher Aufklärung entsprungen seien, sondern darum, einen „der geschichtlichen Stunde" gemäßen Bildungswillen zum Ausdruck zu bringen. Dazu gehöre die Abwehr des

> „stoffgläubigen Rationalismus der Gassendi, Boyle und Newton, der Descartes und der Enzyklopädisten, die fremden Zugriff den Weg bereiteten, nicht minder wie dem Geiste der Einstein und ihrer Folger."

Seine wissenschaftspolitischen Rundumschläge zielten wesentlich auf Rationalismus und Relativismus, insbesondere auf die „fortschrittsgläubige Geschichtsschreibung des Westens", auf den durch Justus von Liebig beförderten „Geist der westlichen Aufklärung in Deutschland", auf die „jeder natürlichen Anschauung baren Theorien wie der Heisenberg-Bornschen Quantenmechanik", und schließlich unisono auf die Amerikaner und die Juden. So schreibt er nach recht akademisch wirkenden Betrachtungen zu unterschiedlichen Systemen physikalischer Dimensionen:[89]

> „Nur so ist es zu verstehen, daß die Physik [...] zu solch jeder natürlichen Anschauung baren Theorien wie der Heisenberg-Bornschen Quantenmechanik kam. Von da an ging dann eine Flut von Theorien vorwiegend jüdischer und amerikanischer Provenienz über die Chemie

nieder, welche, indem sie die Unbestimmtheit als Prinzip setzen mit 'exakter Methode' Teilfragen in ‚Näherungen' gelöst zu haben beanspruchten, dem Wesen chemischer Betrachtung immer fremd bleiben mußten. Dabei ist es zu beachten, daß diese Quantenmechanik meist mit der Einsteinschen Relativitätstheorie vergesellschaftet ist, die – darin der durch Moses Maimonides überlieferten [...] Atomtheorie der arabischen Mutakalimun verwandt – jeden Zeitbegriff letztlich leugnet. Von daher scheint die Vorliebe von Amerikanern und Juden für diese Art von Naturwissenschaft verständlich, von denen die einen keine Geschichte, die anderen keinen Sinn für Geschichte haben."

Mit polemischem Unterton stellt Wolf die Verdienste Johann Wolfgang Döbereiners und Justus von Liebigs gegeneinander. Dabei seien die Erkenntnisse des Ersteren parallel mit der schwindenden Aufmerksamkeit für die Naturlehre Goethes ohne Wirkung geblieben, weil in der Chemie unter dem Einfluss Liebigs der Geist der westlichen Aufklärung dominiert hätte. Solche Einlassungen zeigen das prinzipielle Unverständnis Wolfs für die Weltoffenheit und den vorurteilsfreien Pragmatismus Liebigs.

Offenbar wenig Sympathie konnte Wolf ferner dem historischen Verdienst des Franzosen Antoine-Laurent de Lavoisier entgegenbringen. Schließlich habe Nikolaus von Kues mit der Waage etliche bedeutende chemische und physikalische Untersuchungen angestellt. „Es ist – aus Unkenntnis oder weil die fortschrittsgläubige Geschichtsschreibung des Westens es so will – auch in Deutschland noch üblich, den Beginn derartiger quantitativer Untersuchungen Lavoisier zuzuschreiben." Dieser Vorwurf trifft aber nicht den Kern der Verdienste des Franzosen, nämlich den klaren Beweis für seine die Chemie revolutionierende Oxidationstheorie.

Grundsätzlich verdient es Anerkennung, wenn ein Naturwissenschaftler, insbesondere ein gelernter experimenteller Forscher, über seinen „Tellerrand" hinaus schaut und sich an der globalen Einordnung seiner Spezialdisziplin und am Brückenbau zwischen Natur- und Geisteswissenschaften beteiligt. In der Geistesgeschichte haben solche Bemühungen eine sehr lange Tradition, auf die Wolf kenntnisreich und mit ausgiebigem Rückgriff auf eigene Publikationen[90] eingeht. Dabei betonte er immer wieder den Kontrast seiner Auffassungen zum „Geist der westlichen Aufklärung", ohne das eigentliche gestalttheoretische Anliegen, einen Ausgleich zwischen Wahrnehmung und Funktion zu suchen, anzuerkennen.

Noch in der 1954 erschienenen vierten Auflage des Buches gab er sich unversöhnlich. Nach einem Hinweis auf offensichtliche Unzulänglichkeiten von physikalischen Ansätzen zur Beschreibung des Verhaltens von Elektronen in der Atomhülle zieht er die Schlussfolgerung:

> „Diese Erkenntnis deckt im Bereich der Chemie eine Problematik auf, welche – *aus einer zuletzt fast vollständigen Vernachlässigung realistischen Denkens entsprungen* – heute in allen naturwissenschaftlichen Disziplinen besteht. Das Verständnis für das Wesen geprägter Substanz kann von der Physik, ja von der Naturwissenschaft allein nicht gewonnen werden.“[91]

Auf solche Überheblichkeiten konnte Wolf auch im reiferen Lebensalter leider nicht verzichten.

Für die Chemie haben der Ganzheitsgedanke und die Gestalttheorie – über den morphologischen Ansatz hinausgehend – angesichts des explosionsartigen Zuwachses an Erkenntnissen eine gewisse Berechtigung erlangt, beispielsweise mit dem als „Chemiephilosophie“ bezeichneten Versuch.[92] Solche Engagements werden aber auf Kritik und Ablehnung stoßen, sofern deren Protagonisten unversöhnlich agieren und Alleinvertretungsansprüche erheben. Die wolfsche Gestaltideologie muss sich diesen Vorwurf gefallen lassen.

Die zeitgenössischen Rezensionen zu Wolfs „Theoretischer Chemie“ fielen zunächst positiv aus.[93] Der Einführung besonders zugetan war Rudolf Tomaschek, ein Schüler und Verehrer des Nobelpreisträgers und prominenten Vertreters der „Deutschen Physik“ Philipp Lenard. In der ausholenden Besprechung wird die „Vermeidung relativitätstheoretischer Schnörkel“ als angenehm empfunden. Und das Buch sei

> „zu begrüßen als ein Versuch einer Denkrichtung in der deutschen Naturwissenschaft [...], in der sich nicht nur die Schärfe, sondern auch die Tiefe des deutschen Geistes wirksam zeigt.“[94]

Dagegen hat Wilhelm Jost die 1948 erschienene zweite Auflage recht kritisch beurteilt, wobei ihm insbesondere das distanzierte Verhältnis des Autors zur Thermodynamik missfiel.[95]

Nahezu unabhängig von den immer schwieriger werdenden Lehr- und Forschungsbedingungen, die im Frühjahr 1945 schließlich zum Erliegen des Institutsbetriebs führten, verfolgte Wolf weiterhin sein Gestaltweltbild. Dazu fanden mit interessierten Kollegen „Gestalt-Kolloquien" in Fortsetzung einer bereits in seiner Kieler Zeit begonnenen Reihe von Treffen interessierter Wissenschaftler statt. Dem halleschen Rektor Johannes Weigelt waren diese Veranstaltungen offenbar suspekt, denn er meldete dem Mitarbeiter des Reichserziehungsministeriums Paul Ritterbusch:

> „Zu diesem Kolloquium, zu dessen Besuch man gewisse weltanschauliche Verpflichtungen eingehen musste, luden gemeinsam ein: der Theologe Schumann, der Botaniker Troll und der (phys.) Chemiker Lothar Wolf, der frühere Rektor von Kiel [...]. Es stellt sich da weiterhin heraus, dass dieser Hallesche Kreis offenbar aus dem früheren Kieler Bereiche des Herrn Wolf infiziert war. Es handelt sich besonders auch bei den auswärtigen um dieselben Personen, so dass Halle eigentlich nur ein zweites Aufleben der gleichen Erscheinungen sieht."[96]

Auch von höheren NS-Hierarchen wurden Aktivitäten dieser Art als elitär-abgehoben und wenig nützlich angesehen.[97]

Solche Zusammenkünfte konnten später, ab 1949, unter der Bezeichnung „Colloquium Palatinum" privat fortgesetzt werden. Aus der Troll-Biographie von Gisela Nickel ist zu erfahren:

> „Man traf sich etwa zweimal pro Semester in unregelmäßigen Abständen. Die Einladungen gingen von Karl Lothar Wolf aus, der als Hauptorganisator fungierte. Die Treffen fanden zunächst auf dem Weingut Frau von Buhls in Deidesheim / Pfalz statt. Nach ihrem Tode übernahm ihr Erbe Freiherr von Guttenberg die Gastgeberrolle, anfangs noch in Deidesheim, [...] dann auf Schloß Guttenberg bei Kulmbach in Franken. Im September 1959 wurde das letzte Gestaltkolloquium veranstaltet. Der Teilnehmerkreis setzte sich in wechselnder Besetzung aus ehemaligen halleschen ‚Gestaltern' und aus neu hinzugekommenen Natur- und Geisteswissenschaftlern zusammen. Anzutreffen waren neben Karl

> Lothar Wolf und Wilhelm Troll der Physiologe Johann Daniel Achelis, der Germanist Friedrich Beissner, der Mineraloge Wolf von Engelhardt, der Archäologe Roland Hampe, der Rechtswissenschaftler von Hippel, der Archäologe Herbert Koch, die Biologin Dorothea Kuhn, der Physiologe Rupprecht Matthaei, der Musikwissenschaftler Joseph Müller-Blattau, der Altphilologe Walter F. Otto, der Zoologe Adolf Portmann, der Philosoph Friedrich J. von Rintelen, der evangelische Theologe Friedrich Karl Schumann, die Archäologin Erika Simon, der Sprachwissenschaftler Jost Trier, der Soziologe Friedrich Wagner und andere Wissenschaftler."[98]

Wie die respektable Teilnehmerliste zeigt, hatte der Gestaltgedanke im deutschsprachigen Raum, nunmehr befreit von ideologischen Verzerrungen, die Hitlerzeit überstanden.

Zurück nach Halle bis 1945: Um fachübergreifend und überregional einen breiteren Wissenschaftlerkreis zu erreichen, wurde 1941 mit Heft 1 die Schriftenreihe *Die Gestalt. Abhandlungen zu einer allgemeinen Morphologie*[99] unter ausdrücklicher Bezugnahme auf Goethes morphologische Untersuchungen begründet. Neben Wolf waren der Berliner Kunsthistoriker Wilhelm Pinder und Wilhelm Troll die Herausgeber. Die Liste der Mitarbeiter war durchaus beachtlich (siehe **Abb. 5.19.**).

Das Fächerspektrum der Mitwirkenden war sehr breit: Dazu gehörten unter anderen der Theologe Friedrich Karl Schumann, der Mediziner Viktor von Weizsäcker, der Jurist Ernst von Hippel, der Musiker Günther Ramin und der Kristallograph Paul Niggli. Bis 1945 gab es 19 Hefte, und einige Beiträge erschienen später auch in Nachauflagen.[100] Nach dem Zweiten Weltkrieg konnte die Reihe bis 1958 mit zehn weiteren Heften fortgesetzt werden.[101]

Die diese Hefte beherrschende Generallinie stieß schon frühzeitig auf Kritik: Man könne nicht zustimmen, wenn der morphologischen Einstellung gegenüber der Funktion und der Kausalitätsbetrachtung grundsätzlich das Primat erteilt wird.[102] Außerdem missfielen die

> „ideologischen Prämissen einer ‚Deutschen Morphologie', die sich aus Goethes Naturauffassung und seinem Naturbegriff scheinbar ebenso problemlos gewinnen ließen wie der Physiker Philipp Lenard (1862–1947) eine arteigene ‚Deutsche Physik' unter gleichzeitiger Verdam-

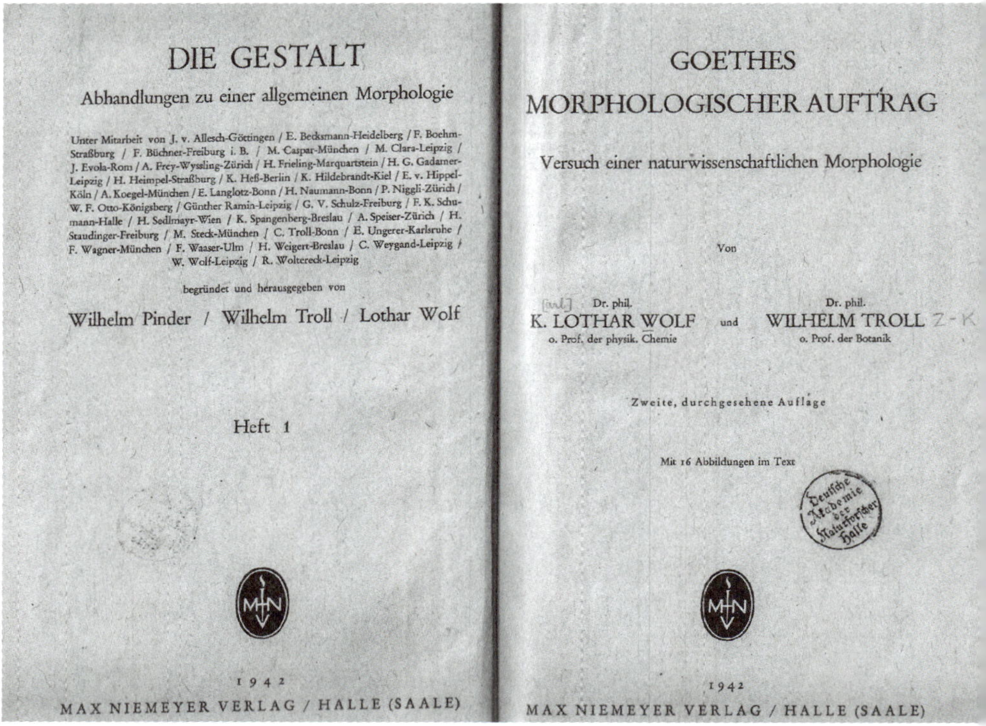

DIE GESTALT

Abhandlungen zu einer allgemeinen Morphologie

Unter Mitarbeit von J. v. Allesch-Göttingen / E. Becksmann-Heidelberg / F. Boehm-Straßburg / F. Büchner-Freiburg i. B. / M. Caspar-München / M. Clara-Leipzig / J. Evola-Rom / A. Frey-Wyssling-Zürich / H. Frieling-Marquartstein / H. G. Gadamer-Leipzig / H. Heimpel-Straßburg / K. Heß-Berlin / K. Hildebrandt-Kiel / E. v. Hippel-Köln / A. Koegel-München / E. Langlotz-Bonn / H. Naumann-Bonn / P. Niggli-Zürich / W. F. Otto-Königsberg / Günther Ramin-Leipzig / G. V. Schulz-Freiburg / F. K. Schumann-Halle / H. Sedlmayr-Wien / K. Spangenberg-Breslau / A. Speiser-Zürich / H. Staudinger-Freiburg / M. Steck-München / C. Troll-Bonn / E. Ungerer-Karlsruhe / F. Wagner-München / F. Waaser-Ulm / H. Weigert-Breslau / C. Weygand-Leipzig / W. Wolf-Leipzig / R. Woltereck-Leipzig

begründet und herausgegeben von

Wilhelm Pinder / Wilhelm Troll / Lothar Wolf

Heft 1

1942

MAX NIEMEYER VERLAG / HALLE (SAALE)

GOETHES MORPHOLOGISCHER AUFTRAG

Versuch einer naturwissenschaftlichen Morphologie

Von

Dr. phil. K. LOTHAR WOLF, o. Prof. der physik. Chemie und Dr. phil. WILHELM TROLL, o. Prof. der Botanik

Zweite, durchgesehene Auflage

Mit 16 Abbildungen im Text

1942

MAX NIEMEYER VERLAG / HALLE (SAALE)

Abb. 5.19. „Die Gestalt": Herausgeber und Mitwirkende, Heft 1, 1942.

mung der jüdischen Physik Einsteins den politischen und ideologischen Forderungen des NS-Staates anpassen konnte."[103]

Diese Einwände sind nicht unberechtigt. Sie diskreditieren aber zugleich das Bemühen der Autoren, wissenschaftliche Sachverhalte in alternativer Weise einzuordnen und damit neue Wege zu denken. Als Replik auf solche Generalverrisse könnte der Zyniker sagen: Soweit überschaubar, hat die gestalthaft-morphologische Betrachtungsweise – wenigstens in der Chemie – keinen nachhaltigen Schaden angerichtet. Wenn sie überhaupt in Betracht gezogen wurde, blieb sie – jedenfalls in ihrer extensiven Auslegung durch Wolf – minoritär.

Es darf nicht übersehen werden, dass sich speziell die morphologische Betrachtungsweise sowohl in der wolfschen Forschung selbst als auch – in ihrer Nachwirkung – in den Denkansätzen und Forschungskonzepten der Physikochemiker in der Nachkriegszeit deutlich widerspiegelte. Auf das Letztere wird später einzugehen sein.

Die **Abbildungen 20–30** auf der nächsten Doppelseite zeigen eine Zusammenstellung von willkürlich ausgewählten Objekten und von Objektwandlungen unterschiedlichster Provenienz als Bausteine von Gestalten in der Art von Gedankenkonstruktionen aus Form, Größe, Funktion, Sinn und Zweck dieser Objekte.

5.8 Die „Deutsche Chemie"

In etlichen Publikationen neuerer Zeit wird Wolf als einer der führenden Verfechter einer „Deutschen Chemie" bezeichnet.[104] Fraglos war sich Wolf darüber im Klaren, dass die von ihm vertretene, nationalistisch eingefärbte Naturauffassung, für die er allerdings keine Priorität beanspruchen konnte, gut zur nationalsozialistischen Ideologie passte. Die sich daraus ergebenden Spielräume zur Selbstdarstellung hat er reichlich genutzt. Sein – teilweise recht apodiktisch „wirkender" – Übertragungsversuch der Gestaltphilosophie auf die Chemie hat im Großen und Ganzen keine tiefen Spuren hinterlassen.

Allerdings gibt es über die Rolle der wolfschen Positionen zu den naturwissenschaftlichen Forschungstrategien recht kritische Einschätzungen. So meinte Walther Jaenicke über Wolf und seine Mitstreiter:

> „Sie spielten daher weder in der Bunsen-Gesellschaft[105] noch in der Politik eine wesentliche Rolle.
> Trotzdem hat auch der physikalischen Chemie das Klima geschadet, das die Herabwürdigung der Theorie vor allem beim Nachwuchs an den Hochschulen erzeugte. Es besteht kaum ein Zweifel, daß dadurch die neuen quantentheoretischen Vorstellungen, die ein tieferes Verständnis der chemischen Vorgänge ermöglichten und mit den Namen Hund, Heitler, London, Wigner, Schrödinger, Hückel u. a. verbunden sind,

Bildbeispiele: Gestalt und Funktion

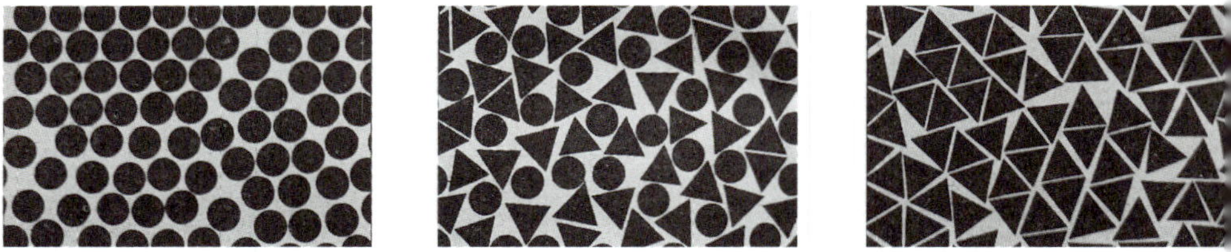

Abb. 5.20. Modellversuche mit beweglichen flachen Objekten zur Simulation eines Mischungsvorganges. (Aus Wolf 1954, 408).

Abb. 5.21.–5.24. Von links: Mikroskopische Polymer- Hohlraumstrukturen zur Herstellung flexibler Flüssigkristall-Displays; Timuridischer Helm, Damaskus, ca. 15. Jahrhundert; Wendeltreppe; Spiralminarett, Samarra, Irak.

Bildbeispiele: Gestaltwandlungen

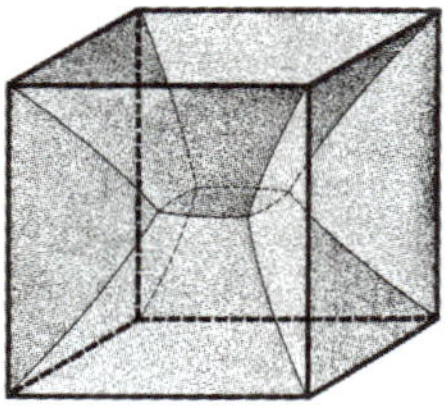
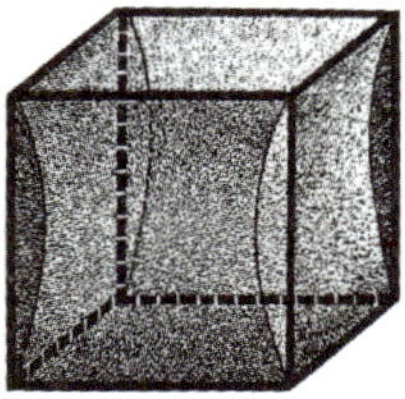

Abb. 5.25.–5.26. Flüssigkeitslamellen im Würfelgestell. Abb. 5.25. Ausgangsstruktur nach Eintauchen des Gestells in eine Flüssigkeit; Strukturänderung nach Touchieren der quadratischen Mittellamelle. (Aus Wolf 1968, 34).

Abb. 5.27.–5.29. Polarisationsmikroskopische Aufnahmen einer kristallin-flüssigen (smektischen) Flüssigkristallschicht je nach Präparation der Verbindung mit Spiralfäden oder als Fächertextur. (Aus Pelzl et al. 2008); Selektive Lichtreflektion mikroverkapselter cholesterischer Flüssigkristallschichten als Laborpräparat (rechts, aus Kuschel et al. 2013).

Abb. 5.30. Selektive Lichtreflektion mikroverkapselter cholesterischer Flüssigkristall-Doppelschichten in der Kutikula des Goldkäfers, Costa Rica. (Aus Kuschel et al. 2013).

Diese Seite ist in Farbe verfügbar: › <https://www.gnt-verlag.de/1147>.

> gerade in Deutschland, wo sie entstanden waren, verspätet aufgenommen und weiterentwickelt wurden, wobei der geringe Stellenwert der mathematischen Ausbildung bei den Chemikern ein übriges tat."[106]

Hierzu sei angemerkt, dass die Entwicklung der chemischen Physik, insbesondere der Quantenchemie, hierzulande vor allem durch die rassenideologische Säuberungspolitik der Nazis und nicht infolge wissenschaftstheoretischer Seminardispute nachhaltig beeinträchtigt wurde.

Außerdem ist möglichen Missverständnissen entgegenzuhalten: Die Handvoll „Deutscher Chemiker", die überwiegend aus Hochschullehrern bestand, und wie sie in den einschlägigen Publikationen[107] ausgiebig behandelt wird, hatte auf jene Chemie, die zur wirtschaftlichen und militärischen Machtbasis des NS-Regimes gehörte und mit ihr eng verbunden war, keinen Einfluss. Vielmehr war die NS-Chemie auf einer ganz anderen Ebene angesiedelt. Diese Ebene hatte schon vor 1933 eine deutschnationalistische Ausrichtung erfahren. Einer der Väter dieser Entwicklung war der Chemiker Albrecht Schmidt, dessen Berufsweg ihn von der Chemischen Fabrik Schering in Berlin im Ersten Weltkrieg zum Kampfstoffentwickler bei der Hoechst AG und schließlich zum Vorstandsmitglied der IG Farbenindustrie geführt hatte. Schon im hohen Alter stehend schrieb er 1943 im Vorwort eines aus seinen Vorlesungen hervorgegangenen Buches:

> „Dank dem Führer ist die chemische Not der Jahre 1930 bis 33 in das Gegenteil gewandelt: Arbeitsübermaß heute im ungeheuren Aufschwung der letzten 8 Jahre, davon 2 ½ Jahre im größten aller Kriege mit den fast unermeßlichen Ansprüchen an die industrielle Chemie und an die Chemiker und solche, die es werden wollen."[108]

Dem unermesslichen Anspruch des „Führers" folgten in der chemischen Industrie viele Tausende meist gut ausgebildeter Chemiker, die nicht aus freien Stücken einen akademisch-wissenschaftstheoretischen Denkansatz sublimieren konnten, sondern die sich den rigorosen Forderungen der Kriegswirtschaft zu stellen hatten.

Diese Ebene dirigierte unter anderem Carl Krauch, der als Generaldirektor des IG Farbenkonzerns schließlich zum „Generalbevollmächtigten für Sonderfragen der chemischen Erzeugung" ernannt wurde. Was „Deutsche Chemie" tatsächlich bedeutete, offenbarte schon sehr früh die zeitgenössische Fachliteratur. So erschien in der Chemiker-Zeitung des Jahrgangs 1935 eine lückenlose Reihe von Beiträgen mit klarer Ausrichtung auf den zu erwartenden Bedarf des „Dritten Reiches". Einleitend sang der Rostocker Chemiker Paul Walden in einer kurzen Schrift „Nationale Wege der modernen Chemie" ein Loblied auf die „spezifisch deutsche Chemie, eine spezifisch deutsche Art der chemischen Forschung". Es folgten:

- Georg Kränzlein: Deutsche Teerfarbstoffe,
- Walther Schrauth: Deutsche Lösungsmittel,
- Friedrich August Henglein: Deutsche Schwerchemikalien,
- Hermann Jentgen: Deutsche Kunstseide und Devisenersparnis,
- Hans Wagner: Deutsche Mineralfarben,
- G. Hedrich: Deutsche Phosphate,
- Erich Schmidt: Deutscher Zellstoff.

Soviel zur „Deutschen Chemie".

Die Etikettierung Wolfs als „Deutschen Chemiker", der sich im Verein mit dem Leipziger Chemiker Conrad Weygand[109] und anderen die Umgestaltung der Wissenschaft nach nationalistischen und rassischen Gesichtspunkten auf die Fahne geschrieben habe, muss wohl als überzogen angesehen werden. Ungeachtet dessen ist Wolf auch als Hochschullehrer mit seinen wissenschaftlichen Beiträgen zur physikalischen Chemie der kondensierten Phasen und der Grenzflächen sowie als sehr aktiver Autor und Herausgeber zu würdigen. Abgesehen davon gab es Fachgenossen Wolfs, die ihre Auffassung von der Chemie als „deutsche" Wissenschaft wesentlich deutlicher und emphatischer propagiert hatten.[110] Im Kammerorchester „Deutsche Chemie" hat Wolf gewiss nicht die erste Geige gespielt, auch weil seinem Chemiekonstrukt nach Auffassung der nationalsozialistischen Obrigkeit die völkische Bodenhaftung fehlte.[111]

5.9 Ordnung in der Unordnung

Mit Beharrlichkeit hat Wolf, neben den naturphilosophischen und wissenschaftshistorischen Studien, sein strategisches Forschungsthema „Ordnungszustände in Flüssigkeiten" auch während der Kriegsjahre und – wenn auch vorwiegend publizistisch – ab 1945 weiterverfolgt. Nach wie vor galt es zu erkunden, welche molekularen Strukturen und Anordnungen der Teilchen sowohl im Inneren von Flüssigkeiten als auch an deren Oberflächen als dominant angesehen werden mussten, um die physikalischen Eigenschaften des jeweiligen Systems verstehen zu können.[112]

Grundlegende Untersuchungen zum Wesen des flüssigen Zustandes, gebildet aus der Überlagerung interpartikulärer Wechselwirkungen und den Formen sowie der Raumausfüllung von Molekülen, nahm Wolf bereits in Kiel und Würzburg vor.[113] Dabei war häufig von der „Gestalt" der Moleküle die Rede, gemeint war aber – im Sinne des Alltagsgebrauchs und nicht der wolfschen Gestaltideologie folgend – deren äußere Form, die mit der mutmaßlichen Teilchenanordnung korrespondierte.

Um sich eine Vorstellung vom Ordnungszustand der Moleküle in einer Flüssigkeit machen zu können, waren zuallererst umfangreiche Messungen auszuführen, beispielsweise die Bestimmung der Dichte, der Orientierungspolarisation, des Dampfdruckes, der Verdampfungswärme, der Mischungswärme, der Oberflächenspannung und der Viskosität, jeweils auch bei verschiedenen Temperaturen und nicht nur an diversen reinen Flüssigkeiten, sondern auch nach Zusatz von Mischungs- und Verdünnungspartnern. Das stellte ein sehr anspruchsvolles Experimentalprogramm dar, an dessen Bearbeitung, gemessen an den bis 1940 erschienenen Publikationen, mindestens drei Dutzend Assistenten und Doktoranden beteiligt waren.[114] Beispielhaft sei auf die präzisen Dichtemessungen an einer großen Zahl flüssiger, vor allem zweikomponentiger Mischungen verwiesen.[115] Oft wurden dabei Abweichungen von einfachen, proportional-additiven Mischungsregeln beobachtet – heute werden diese Abweichungen als „Exzessgrößen", zum Beispiel als „Exzessvolumina" bezeichnet. Das waren die besonders interessanten Fälle, die zu Vergleichen mit anderen Mischungseigenschaften wie etwa Mischungs- und Verdampfungswärmen oder Polarisationsdaten einluden. Um den morphologischen Bezug zu untermauern, ergänzte man die Messungen durch – vielleicht etwas zu schlichte – Versuche mit flachen Modellkörpern wie Stiften, Ringen, Dreiecken, Vierecken und dergleichen zur Demonstration der zweidimensionalen Flächenausfüllung.[116]

Für den von Wolf betonten Gestaltbezug solcher Untersuchungen stellt sein 1944 erschienener Artikel „Zur Morphologie der Flüssigkeiten" ein typisches Beispiel dar.[117] Darin geht es um den Vergleich der Eigenschaften von Teilchen – Moleküle oder deren Aggregationen – innerhalb und an der Oberfläche der von ihnen gebildeten Flüssigkeit. Während aus den Ergebnissen der physikalischen Messungen, wie zum Beispiel der Dipolmomente, einigermaßen plausible Erklärungen für die Art der interpartikulären energetischen Wechselwirkungen abgeleitet werden konnten, mussten für die ebenso wichtige morphologische Frage nach Bedarf und Ausfüllung des Raumes bzw. der Oberfläche geometrische Denkmodelle zur Diskussion gestellt werden. Das lag freilich daran, dass die damals verfügbaren Messmethoden keine genaueren Einsichten zu liefern vermochten. Bereits 1940 wurden Ergebnisse von Messungen an Flüssigkeiten und deren Oberflächen in Kombination mit geometrischen Modellen präsentiert.[118] Man spekulierte darüber, was mit einem aus gleichgroßen Kugeln bestehenden Teilchensystem, das beispielsweise aus Wasser- oder Benzolmolekülen bestand, passieren sollte, wenn es aus dem Inneren an die Oberfläche einer Flüssigkeit gelangen würde. Man ging davon aus, dass das davon abhängen sollte, wie viele ihrer unmittelbaren Nachbarn die Teilchen beim Eintritt in die Oberfläche abgeben mussten (**Abb. 5.31.**).

Je größer dieser Nachbarschaftsverlust ist, umso weniger sollte sich die für den Transport aufgewandte Energie („Oberflächenenergie") von der zum vollständigen Verlassen der Flüssigkeit nötigen Energie („Verdampfungsenergie") unterscheiden. Die dazu durchgeführten und beachtenswerten Untersuchungen, die sich auch auf zahlreiche Mischungen erstreckten, zeigten, dass die morphologische Anschauung – hier die Kugelmodelle zur Veranschaulichung der jeweils nächsten Teilchenumgebung – das Verstehen von Zusammenhängen mit dem tatsächlichen physikalischen Verhalten erleichtern konnte.

Rückschauend wird man vorstehenden Betrachtungen Plausibilität und vor allem Anschaulichkeit zubilligen können, was schließlich auch

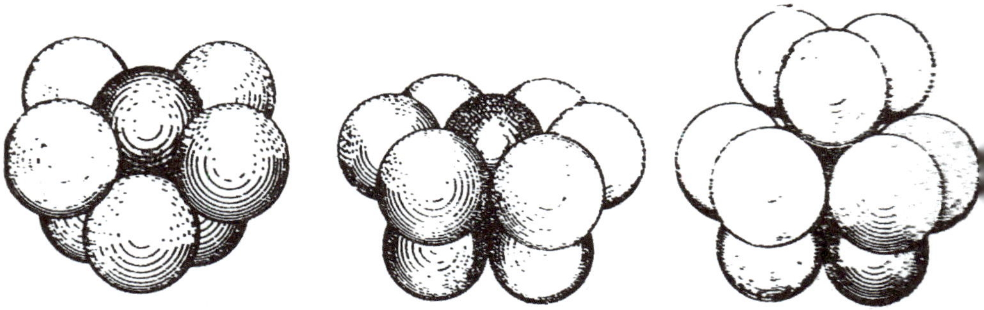

Abb. 5.31. Modellbetrachtung über die unterschiedliche Packung eines kugelförmigen Teilchens an der Oberfläche (links und Mitte) sowie im Inneren (rechts) einer Flüssigkeit. (Aus Wolf 1944, 45).

dem prinzipiellen Anliegen Wolfs als akademischer Lehrer entsprach. Dieser wichtige Aspekt, also die Vorzüge einer morphologisch unterlegten Wissensvermittlung im akademischen Unterricht, wird von der Kritik oft übersehen. Im Übrigen bildeten diese Forschungsarbeiten das Fundament seiner beachtlichen Nachkriegsaktivitäten zur Physik und zur Chemie der Grenzflächen in Kirchheimbolanden und im pfälzischen Marienthal.

5.10 Morphologische Nachklänge

Es bleibt festzuhalten: Als Handlungsempfehlung der Gestaltthese befasst sich die morphologische Sichtweise mit Objekten und Vorgängen, deren Rezeption vor allem durch die tatsächliche oder gedankliche Anschauung bestimmt wird. Was nicht in das Weltbild Wolfs und seiner Gesinnungsgenossen passte – wie etwa die Quantenmechanik –, wurde von ihnen abgelehnt. Allerdings wurde deren Sichtweise aufgrund der physikochemischen Fortschritte bald obsolet.

Von den Schülern Wolfs in Halle war es zuvorderst Horst Sackmann, der sich, soweit es die Nachkriegsverhältnisse zuließen, dem wissenschaftlichen Erbteil seines Lehrers widmete und das Morphologiekonzept auf neue Untersuchungsfelder anwendete. Dabei ging es unverändert um die wechselseitigen Bezüge zwischen der Vorstellung von der mikroskopischen Gestalt, also um die Konstitution des Einzelobjektes, dessen Ordnungsbeitrag im Objektverbund und den Eigenschaften des daraus bestehenden makroskopischen Gesamtobjektes. Praktisch bedeutete das, experimentell gewonnene Informationen mit Form-, Raumbedarfs- und Packungsmodellen der konstituierenden Bestandteile zu konfrontieren. Dazu wurde zunächst vereinfachend von der energetischen Wechselwirkung und von der Dynamik der einzelnen Teilchen abgesehen. Parallel zur Erweiterung der experimentellen Möglichkeiten (Kalorimetrie, thermische Analyse, Röntgenographie, Polarisationsmikroskopie) konnten als Untersuchungsobjekte neben den flüssigen Mischungen auch Gasphasen, Flüssig-Dampf- und Fest-Flüssig-Gleichgewichte einbezogen werden. Für die Interpretation der Beobachtungen spielten außerdem Aspekte der Wechselwirkungen, der Positionierung, der Orientierung und der Beweglichkeit von Molekülen und ihrer Verbände eine immer größere Rolle. Generell ging es in den folgenden Jahrzehnten in der Forschung darum, Zusammenhänge zwischen Molekülbau und dem Phasenverhalten für ausgesuchte Stoffklassen zu erkunden. Dafür und aus der Sicht des Morphologieansatzes bot das Gebiet der Flüssigkristalle ein besonders interessantes Forschungsterrain, welches in den folgenden Jahrzehnten auch und insbesondere in Halle einen starken Ausbau erfuhr.

Flüssigkristalle können eine breite Palette verschiedener Phasen- und Strukturvarianten zwischen dem festkristallinen und dem Zustand normaler Flüssigkeiten aufweisen. Aufbauend auf den besonders häufig auftretenden sogenannten nematischen, cholesterischen und smektischen Phasen, deren Strukturmodelle bei Annahme stäbchenförmiger Moleküle oder Molekülaggregate (Abb. 5.32.–5.34.) üblicherweise relativ einfach dargestellt werden können, gibt es inzwischen wesentlich komplexere Organisationsformen, die sich auch durch ihre optischen Eigenschaften voneinander unterscheiden lassen. Mangels genauerer Methoden der Zuordnung verschiedener Flüssigkristallphasen war in den frühen Nachkriegsjahren deren Identifikation anhand mikroskopischer Beobachtungen praktisch eine Expertendomäne. Die zuvor gezeigten Abb. 5.27.–5.28. ver-

Abb. 5.32.–5.34. Schematische Strukturmodelle von Schmelzen: Normale („isotrope", „amorphe") Flüssigkeit (links); nematische (Mitte); smektische Flüssigkristalle (rechts).

anschaulichen zwei Flüssigkristalldünnschichten des gleichen Stoffes, die jedoch, abhängig von der Präparation, in zwei unterschiedlichen polarisationsmikroskopischen Texturbildern erscheinen können.

Auch ohne ein bekennender Anhänger des Wolf-Trollschen Gestaltweltbildes zu sein, wird sich ein Experimentator – wenn es ihm nützlich erscheint – selbstverständlich des morphologischen Denkansatzes bedienen. Aus experimentell – beispielsweise mittels Röntgenstrukturuntersuchungen – erhaltenen Informationen wird zuerst ein Strukturmodell entworfen, das nicht nur die Befunde reflektiert, sondern in günstigen Fällen zugleich Fenster für präzisere Strukturideen und Strukturuntersuchungen öffnet.

Insgesamt ist es nicht zu übersehen, dass sich die von Wolf vielleicht etwas zu aufdringlich propagierte morphologische Formkonzeption in der Folgezeit auch in den Denkansätzen und Forschungskonzepten der halleschen Physikochemiker deutlich widerspiegelte. Aus der Vielzahl von Veröffentlichungen zu den in jener Epoche bearbeiteten Themenkomplexen, sowohl spezieller als auch allgemeiner Art, soll nur auf wenige hingewiesen werden.[119]

5.11 Goethes Schriften zur Naturwissenschaft

Vermutlich könnten allein die Schriften zur Rezeptions- und Diskursgeschichte der naturwissenschaftlichen Hinterlassenschaften Goethes einen großen Teil der Anna Amalia Bibliothek in Weimar füllen. Aus einer empfehlenswerten Übersicht dazu und aus neueren Entwicklungen der Gestalttheorie[120] ist zu erfahren, welchen zeitlichen Akzeptanzschwankungen die Naturauffassungen Goethes ausgesetzt waren, und das bereits zu Lebzeiten des Dichterfürsten. Das noch vor 150 Jahren kaum erwartete und wissenschaftlich nicht erklärbare, auch an Intensität gewinnende Revival des Naturforschers Goethe ging seitdem einher mit der wachsenden Popularität althergebrachter Denkrichtungen, beispielsweise der Naturheilkunde und der Alternativmedizin.

Ein interessantes kurzes Exposé mit dem Titel „Zwei Kulturen im Disput über das Goethebild moderner Naturwissenschaftler“, in dem es um die vermeintlichen und oft überzeichneten Gegensätze von Geistes- und Naturwissenschaften geht, stammt vom Physikochemiker und Goethe-Kenner Heinrich Arnold, der an der Universität Halle zu den ersten Chemiestudenten der Generation nach Wolf gehörte. Sein Fazit aus dem Jahr 2007:

> „Angesichts der universalen Interessen und der Kreativität Goethes in *beiden* Kulturen liegt es nahe, sich auf ihn zu berufen in dem Bemühen, die heutigen Gegensätze zu vermindern.“[121]

Germanisten und Goethe-Anhänger vertraten die These, dass ein direkter Konnex zwischen den Beobachtungen des Naturforschers und den Werken des Dichters bestehe. Ein prominenter Vertreter dieser Auffassung war der Reformpädagoge und Anthroposoph Rudolf Steiner, der 1897 im Vorwort zu seinem Buch schrieb:

> „Die Eindrücke, welche Goethe von den Erscheinungen der Natur empfangen hat, muß man kennen, wenn man den vollen Gehalt seiner Dichtungen verstehen will. Die Geheimnisse, die er dem Wesen und Werden der Schöpfung abgelauscht hat, leben in seinen künstlerischen Erzeugnissen und werden nur demjenigen offenbar, der hinhorcht auf die Mitteilungen, die der Dichter über die Natur macht.“[122]

Zu dieser Auffassung gelangte Steiner wohl insbesondere als Autor und Herausgeber von Goethes naturwissenschaftlichen Schriften, die in fünf Bänden in den Jahren 1883 – 1897 erschienen.[123]

Eine opulente Präsentation der naturwissenschaftlichen wie auch der dichterischen Hinterlassenschaften Goethes sowie dessen Tagebücher und Briefe entstand zwischen 1887 und 1919, initiiert von der Großherzogin Sophie von Sachsen-Weimar-Eisenach (1824 – 1897). Von den 143 Bänden dieser sogenannten „Weimarer" oder „Sophien-Ausgabe"[124] sind 14 den naturwissenschaftlichen Werken Goethes unter besonderer Berücksichtigung der Farbenlehre und seiner ausgedehnten morphologischen Studien gewidmet. Im Laufe der Zeit waren dann aber „in der Weimarer Sophienausgabe immer mehr Fehler und Nachlässigkeiten entdeckt" worden,[125] namentlich auch in den Bänden mit dem naturwissenschaftlichen Schriftgut. Auch dieser Umstand bestärkte in der Folge den Wunsch, nunmehr unter Beteiligung von Fachwissenschaftlern, eine anspruchsvollere und vollständigere kritische Neubearbeitung der naturwissenschaftlichen Schriften aufzulegen. Dies war auch deshalb nötig, um sowohl der Goethe-Forschung als auch den Naturwissenschaften objektive Zugänge ohne Überhöhungen und nationalistisch getönte Schwärmereien der Goethe-Interpreten zu ermöglichen.

Es sollte aber noch einmal Jahrzehnte dauern, Goethes naturwissenschaftlichen Erkenntnisse einer aktualisierten, historisch-kritischen Inventur unter Mithilfe von Fachspezialisten zu unterziehen. Dafür waren eine bibliographische Erfassung und eine nach fachlichen Gesichtspunkten geordnete Präsentation des gesamten naturwissenschaftlichen Werkes erforderlich. Für ein solches Vorhaben wollte sich auch die Kaiserlich-Leopoldinische-Carolinische Deutsche Akademie der Naturforscher engagieren, schließlich war Goethe im Jahr 1818 von ihr als Mitglied aufgenommen worden.

Eine wichtige Etappe dieses Vorhabens bewältigte Günther Schmid mit seiner 1940 erschienen Bibliographie „Goethe und die Naturwissenschaften".[126] Dafür gewann er den damaligen Präsidenten der genannten Akademie, Emil Abderhalden, als entschiedenen Förderer und Herausgeber. Das imposante Werk umfasst auf 620 Seiten über 4.500 durchgehend nummerierte Einträge, verteilt auf drei große Abschnitte:

I. Goethes naturwissenschaftliches Werk,
II. Literatur über Goethe und die Naturwissenschaften,
III. Goethes Beziehungen zu Naturforschern und Medizinern.

Die akribisch angelegte Bibliographie eröffnete auch dem Nichthistoriker einen Einblick in Goethes weitreichende Interessen und Beobachtungen sowie deren Reflexion durch nachfolgende Generationen. Allein die im Kapitel „Goethe und die Chemie (einschl. Pharmazie)" aufgeführten Literaturzitate belegen beispielhaft die von seinen Naturforschungen ausgelöste Resonanz.

Schon vordem hatte sich der Geologe Johannes Walther als Präsident der Akademie mit dem naturwissenschaftlichen Nachlass des Dichterfürsten beschäftigt. So beförderte er die Herausgabe einer Aufsatzsammlung über „Goethe als Seher und Erforscher der Natur", die 1930 erschien.[127] Zwei Jahre später hatte er eine Arbeit über „Die Natur in Goethes Weltbild" veröffentlicht. Auch Wolf und Troll befassten sich alsbald mit diesem Kapitel. Ihre Studien bildeten die Basis für das 1940 aufgelegte Heft „Goethes morphologischer Auftrag. Versuch einer naturwissenschaftlichen Morphologie". Überdies hatte Wolf bereits 1938 die Zustimmung des Berliner Ministers für Vorlesungen und Übungen zur Geschichte der Naturwissenschaften erhalten. Und Troll übernahm dazu die Übungen.

Beiden Herren gelang es schließlich, den Präsidenten Emil Abderhalden für die Unterstützung einer „erklärtermaßen vollständigen, wissenschaftlich zuverlässigen und erstmals reich bebilderten Edition" zu gewinnen. Um das Vorhaben in Gang zu setzen, wurde im Juni 1941, allerdings erst nach zähen Verhandlungen mit dem Goethe- und Schiller-Archiv in Weimar bezüglich der Quellennutzung, ein Verlagsvertrag zwischen dem Präsidenten der Leopoldina, den Herausgebern Günther Schmid, Wilhelm Troll und Karl Lothar Wolf sowie dem Weimarer Verlag Hermann Böhlaus Nachfolger abgeschlossen. Die drei Herausgeber wurden fortan auf den Titelseiten der Bände ausdrücklich genannt.

Über Entstehung und Fortgang dieser bedeutenden Edition sowie über die dabei überwundenen Hindernisse ist ausführlich berichtet worden.[128] In den Kriegsjahren traten neben den allgemeinen Problemen des Buchbetriebs – Papierknappheit, eingeschränkten Druckkapazitäten, der kriegsbedingten Einziehung von Mitarbeitern und Reisebeschränkungen – auch ideologisch motivierte Einwände hinzu. Dazu kamen aber auch Vorbehalte des Universitätsrektors Weigelt, der jedoch die Herausgabe der naturwissenschaftlichen Schriften Goethes nicht mehr aufhalten konnte. Die Leopoldina setzte das Editionsvorhaben fort und realisierte die Edition nach dem Krieg als langfristiges Projekt.[129]

Nach Kriegsende hatten es die Mitwirkenden infolge der Teilung Deutschlands mit nicht weniger schwierigen Arbeitsbedingungen zu tun. Stichworte: Grenzüberschreitende Bearbeiterkommunikation, Reise- und Aufenthaltsgenehmigungen, Währungsunterschiede, Finanzierungs- und Vertriebsprobleme, Warenbegleitscheine. Trotzdem konnte der erste Band bereits 1947 erscheinen **(Abb. 5.35.–5.36.)**. Zwei weitere Bände waren bis 1952 fertiggestellt worden, und vom gleichen Jahr an hatte vorwiegend Dorothea Kuhn, zeitweise zusammen mit Wolf, die Herausgabe weiterer Bände betreut. Insgesamt umfasst das bis 2019 erarbeitete Werk 32 Bände in drei Abteilungen:

Abteilung 1: Texte Goethes,
Abteilung 2: Erläuterungen, Vorarbeiten Goethes, Ergänzungen, zeitgenössische Formatierung,
Abteilung 3: Verzeichnisse und Register.

Selbstverständlich waren zeit- und sachbedingt während der mehr als 70 Jahre dauernden Vervollständigung der Edition verschiedene Herausgeber und Bearbeiter am Werke, von denen außer Wolf, Troll und Kuhn vor allem der Physiologe Rupprecht Matthaei, der Mineraloge Wolf von Engelhardt und Günther Schmid besonders zu nennen sind. Der nachgeborene Chronist muss die Willens- und Überzeugungskraft und die Beharrlichkeit aller an dieser großen Edition Beteiligten ausdrücklich bewundern.

Als sich Anfang des Jahres 1944 die militärische Niederlage Hitler-Deutschlands endgültig abzeichnete, waren zunehmende Einschränkungen des Lehr- und Forschungsbetriebes am Institut zu erwarten. Abgesehen von den noch stattfindenden Vorlesungen, Übungen und Praktika nutzte Wolf jede sich bietende Gelegenheit, um sich „intensiver Arbeit" und der

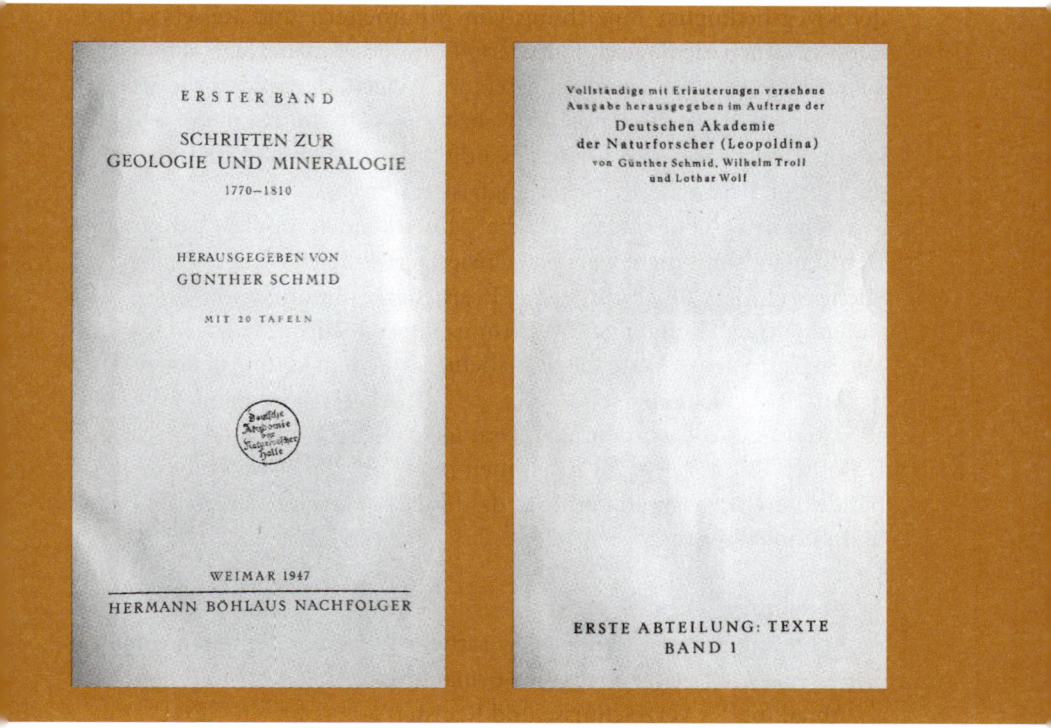
ERSTER BAND

SCHRIFTEN ZUR
GEOLOGIE UND MINERALOGIE
1770–1810

HERAUSGEGEBEN VON
GÜNTHER SCHMID

MIT 20 TAFELN

WEIMAR 1947

HERMANN BÖHLAUS NACHFOLGER

Vollständige mit Erläuterungen versehene
Ausgabe herausgegeben im Auftrage der
Deutschen Akademie
der Naturforscher (Leopoldina)
von Günther Schmid, Wilhelm Troll
und Lothar Wolf

ERSTE ABTEILUNG: TEXTE
BAND 1

Abb. 5.35.–5.36. Titelblatt und Nachsatz des ersten Bandes

„Bearbeitung sichergestellten Materials vorzüglich in der Aussenstelle des Instituts in Kirchheimbolanden" zu widmen.[130] Offenbar hatte er sich aber nach der Besetzung Halles durch US-Truppen am 19. April 1945 an seinem Dienstort aufgehalten, denn zwei Monate später, am 25. Juni 1945, wurde Wolf zusammen mit ungefähr 90 weiteren Universitätsangehörigen im Rahmen des „Abderhalden-Transports" in die Westzone verbracht.[131] Später schrieb er in einem Lebenslauf dazu: „Juni 1945 vor dem Russeneinmarsch aus Ostzone als hochwertiger Fachspezialist zwangsevakuiert."[132] Von den wissenschaftlichen und technischen Institutsmitarbeitern betraf das u. a. auch die Damen und Herren Dunken, von Eichborn, Ramsauer, Gauditz, Kuhn und Feuerberg.

Wolfs verlassene Wohnung wurde im März 1946 auf Veranlassung des halleschen Oberbürgermeisters beschlagnahmt. Seine wissenschaftlichen Hinterlassenschaften – Geräte, Schriftstücke und die Bibliothek – konnten, soweit sie noch vorhanden waren, nur teilweise vor der Vernichtung bewahrt und ihrem Besitzer über Umwege zurückgegeben werden.

Anmerkungen

1 UAHW Personalakten: Karl Lothar Wolf.

2 Kuschel 2017; UAHW Personalakten: Carl Tubandt; Kuschel 2019.

3 UAHW Personalakten: Karl Lothar Wolf.

4 Siehe dazu Karl Zieglers Berufungsempfehlung für den Hallesche Lehrstuhl für physikalische Chemie im Dokumentenanhang 2.

5 Kuschel 2017.

6 UAHW Personalakten: Karl Lothar Wolf, Minister an den Rektor, 20.4.1938.

7 Nickel 1996.

8 UAHW Personalakten: Günther Schmid; Welcher 2024.

9 UAHW Personalakten: Wolfgang Freiherr von Buddenbrock-Hettersdorf.

10 UAHW Personalakten: Karl Lothar Wolf.

11 Gemeint ist das Physikalisch-Chemische Institut.

12 Gattermann, Neumann 2005.

13 Beneke o. J.

14 UAHW Personalakten: Wolfgang Freiherr von Buddenbrock-Hettersdorf.

15 Siehe dazu Rasch 1989.

16 UAHW Personalakten: Karl Lothar Wolf.

17 DFG, Wolf (Person).

18 Deichmann 2001, 509.

19 Siehe dazu den Vorschlag Adolf Smekals zur Aufnahme von Karl Lothar Wolf in die Leopoldina im Dokumentenanhang 3.

20 UAHW Personalakten: Karl Lothar Wolf, Mitteilung Wolfs an den Rektor Weigelt v. 30.12.1943; Brief K. L. Wolfs an den Rektor, 30.12.1943.

21 UAHW Personalakten: Helmut Harms; Catalogus Professorum Halensis: Helmut Harms.

22 Harms 1935.

23 Harms 1937.

24 DFG, Wolf 1937.

25 Harms, Rössler, Wolf 1938.

26 Harms 1940.

27 Harms 1941.

28 Nagel 2012, 56.

29 Deichmann 2002, 1375.

30 Harms 1998, 8 – 11.

31 Dunken 1940b; Dunken, Fredenhagen, Wolf 1941.

32 Dunken 1940a; Dunken, Fredenhagen, Wolf 1941; Dunken, Judenberg, Wolf 1941.

33 Wolf, Ramsauer 1935a.

34 Wolf, Ramsauer 1935b – d.

35 Ramsauer 1937.

36 Gauditz, Ramsauer 1944.

37 Trieschmann 1935.

38 Wolf, Trieschmann 1937 – 1938, siehe Abb. A.16 im Anhang.

39 UAM, Bl. 21.

40 Kuschel 2017; Kleinert 2003.

41 Wolf 1944; Wolf et al. 1937.

42 Sackmann, Sauerwald 1950.

43 Arnold, Sackmann 1959.

44 Kuschel 2022.

45 175 Jahre 2005.

46 Gahl 1991.

47 Taschenberg 1894.

48 Taschenberg 1894; Metzger, Sackmann (1963 – 1978).

49 UAHW: Gotthilft von Studnitz.

50 Steinheimer 2024.

51 Flachowsky 2015, 210 – 213.

52 Ebd., 209 – 210.

53 DFG, Telschow 1937.

54 DFG, Wolf 1937.

55 UAHW Personalakten: Karl Lothar Wolf, Schreiben K. L. Wolf an den Universitätskurator vom 9.8.1941.

56 Nagel 2012, 60.

57 Ebd., Schreiben des Generalbevollmächtigten für Sonderfragen der chemischen Erzeugung vom 19.6.1942.

58 DFG, Wolf 1944.

59 Ebd., Ziegler 1944.

60 Ebd., Bonhoeffer 1944.

61 Kuschel 2017.

62 Harms, Rössler, Wolf 1938.

63 Harms 1941.

64 Dunken 1941.

65 Dunken 1940b.

66 Dunken 1942.

67 DFG, Allgemeine Suche.

68 Wolf, Wolff 1949.

69 Hückel 1943, 188 – 215; Staab 1959.

70 Fuchs, Wolf 1935.

71 Hückel 1943, 188 – 215.

72 Landolt-Börnstein 1923 – 1936.

73 Deichmann 2001, 509; Jaenicke 1994, 36 – 37.

74 Wolf 1941 – 1943.

75 Wolf 1954, 408.

76 Eggert 1937.

77 Eucken 1938.

78 Kuhn 1938.

79 Simonis 2001.

80 Aus Simonis 2001.

81 Klausnitzer 2000.

82 Wolf, Troll 1940; Wikimedia: Gestalt; InfoWissWiki: Gestalttheorie.

83 Simonis 2001, 80 – 81; Müller 2000.

84 Wolf 1941 – 1943.

85 Wolf 1941 – 1943, Teil 1, 108.

86 Wolf 1941 – 1943.

87 Wolf, Troll 1940.

88 Wolf 1950.

89 Wolf 1941 – 1943, Teil 1, 175.

90 Wolf, Ramsauer 1935a – d.

91 Wolf 1954, 121, Hervorhebung des Verfassers.

92 Ruthenberg 2022.

93 Kortüm 1941; Scheibe 1942.

94 Tomaschek 1942.

95 Jost 1951.

96 Entnommen aus Nickel 1996.

97 Vonderau 1994, 126.

98 Nickel 1996.

99 Wolf, Troll 1940.

100 Troll, Wolf 1950; Hippel 1949.

101 Vonderau 1994.

102 Bennewitz 1941.

103 Müller 2000.

104 Vonderau 1994; Deichmann 2001, 509.; Maier 2015; Bechstedt 1980.

105 Deutsche Bunsen-Gesellschaft für physikalische Chemie (DBG).

106 Jaenicke 1994, 123.

107 Vonderau 1994; Deichmann 2001, 509; Maier 2015; Bechstedt 1980.

108 Schmidt 1934, VIII.

109 Remane 1994.

110 Bechstedt 1980.

111 UAHW: Karl Lothar Wolf; Nickel 1996.

112 Wolf 1944; Wolf et al. 1937; Wolf, Wolff 1949.

113 Wolf et al. 1937.

114 K. L. Wolf: Liste der Arbeiten von Assistenten und Doktoranden. Archiv der Leopoldina, MM 4538.

115 Wolf et al. 1937.

116 Wolf 1944; Wolf 1954, 408; Wolf 1926..

117 Wolf 1944.

118 Dunken, Klapproth, Wolf 1940.

119 Vgl. Sackmann, Sauerwald 1950; Sackmann 1958; Arnold, Sackmann 1959; Kuschel 2017.

120 Simonis 2001.

121 Arnold 2007.

122 Steiner 1979.

123 Steiner 1883 – 1897.

124 Goethes Werke 1887 – 1919.

125 Kuhn 2011, XV.

126 Schmid 1940.

127 Goethe als Seher 1930.

128 Kuhn 2011.

129 Dazu auch: Arnold 2007, 15.

130 UAHW Personalakten: Karl Lothar Wolf, Schreiben vom 20.7.1944 an den Dekan der Naturwissenschaftlichen Fakultät.

131 Kleinert 2003.

132 UAM, Bl. 21.

6 Neubeginn in der Pfalz 1945 – 1969

Wolf, der mit dem denkwürdigen „Abderhalden-Transport“ in die deutschen Westzonen verbracht wurde, hatte das Glück, im pfälzischen Kirchheimbolanden einen festen Wohnsitz nachweisen zu können, so dass er einer längeren Internierung unter militärischer Aufsicht entging. Aus eigenem Erleben hat Gisela Nickel den Ablauf dieser konzertierten Aktion in ihrer Troll-Biographie näher beschrieben.[1]

Wahrscheinlich mit wesentlicher Unterstützung durch seinen bisherigen Institutsnachbarn in der Mühlpforte konnte auch Wilhelm Troll vom Zoologischen Institut am Domplatz vorübergehend in der pfälzischen Kleinstadt Unterkunft und Beschäftigung finden.

Da keine Hoffnung bestand, an die Universität Halle zurückkehren zu können, musste ein Neuanfang und ein Broterwerb für die siebenköpfige Familie Wolf gefunden werden. Die auf den Mai 1945 folgenden zehn Monate bezeichnete er als „amtslos verbrachte Zeit“,[2] nach der immerhin ab 1. April 1946 eine Tätigkeit als Aushilfslehrer für Mathematik, Physik, Chemie, Naturkunde und zeitweise Zeichnen und Philosophie an dem von ihm in seiner Kindheit besuchten Progymnasium in Kirchheimbolanden möglich war.

6.1 Der entnazifizierte Oberstudiendirektor

Natürlich bereitete sich Wolf gründlich auf ein womöglich peinliches Verhör durch die alliierten und westdeutschen Entnazifizierungstribunale vor. Zum „Persilschein“ gehörte die Einholung zahlreicher entlastender Erklärungen, beispielsweise vom ersten Nachkriegsdekan der Naturwissenschaftlichen Fakultät der Universität Halle, dem Mathematiker Heinrich Brandt. Er sei überrascht gewesen, schrieb Brandt, dass Wolf der NSDAP angehört hatte, denn dieser habe kein Parteiabzeichen getragen und gegen nationalsozialistische Bestrebungen Widerstand geleistet. Weitere sehr wohlwollend abgefasste Einschätzungen[3] stammten unter anderem von Hans-Georg Trieschmann, Wilhelm Troll, Emil Abderhalden und Dorothea Kuhn.[4] Die in einigen Erklärungen erwähnte Bespitzelung und Behinderung während Wolfs Tätigkeit in Halle betraf allerdings hauptsächlich die fachtheoretisch-ideologische und weniger die unmittelbare politische Ebene. Seine dahingehenden Behauptungen als Indizien handfester politischer Verfolgung und als Ausdruck prinzipieller Gegnerschaft zum Nationalsozialismus anzusehen, erscheinen deshalb nicht plausibel.

Am 25. September 1946 teilte das Oberregierungspräsidium Hessen-Pfalz, „Sachgebiet politische Reinigung", dem Studienrat Lothar Wolf das Prüfungsergebnis der Zentralen Säuberungskommission mit: Belassung im Dienst sowie Gehaltskürzung um 30 Prozent für vier Jahre.[5] Dieses vergleichsweise milde Urteil ermutigte den Beschuldigten, seine latenten dienstrechtlichen Ansprüche nicht in Vergessenheit geraten zu lassen: Sein Beamtenstatus sei nicht erloschen, jedoch derzeit in der Ostzone nicht wahrnehmbar, da die russische Militärregierung ihn als Flüchtling ansehe und er außerdem mit Verschleppung nach Russland als deutscher Hauptspezialist für Physik und Chemie der Grenzflächen zu rechnen habe.

Die politische Entwicklung gegen Ende der 1940er Jahre in Westdeutschland erlaubte eine wachsende Nachsicht und Barmherzigkeit gegenüber ehemals NS-Verstrickten. So wurde Wolf bereits im Oktober 1948 vom „Landeskommissar für die politische Säuberung in Rheinland-Pfalz" mitgeteilt, dass er alle öffentlichen und bürgerlichen Rechte ausüben und sich um öffentliche Anstellungen bewerben könne (**Abb. 6.1.**). Zugleich dürften künftig keine Sühnemaßnahmen gegen ihn erhoben werden.[6] Mit dieser Amnestie hatte sich das Problem NS-Vergangenheit formal für ihn erledigt.

Nun konnte er seinen Ansprüchen auf Wiedereinsetzung in das Beamtenverhältnis und angemessene Beförderung wesentlich mehr Nachdruck verleihen. In einer dafür abgegebenen Erklärung erinnerte sich Wolf für die Zeit um 1933 an eine „gewisse Bereitschaft zur Mitarbeit".[7] Dann sei es aber ab 1934 zu scharfer Überwachung, ab 1936 zu aktiver Bedrohung der bürgerlichen Existenz gekommen. Und im März 1936 sei er auf eine rangniedrigere Stelle strafversetzt worden, mit dem Ziel, durch die „Unmöglichkeit der neuen Stellung" die Vernichtung seiner bürgerlichen Existenz herbeizuführen. Und 1941 habe der Studentenbundführer öffentlich gedroht, ihn von der Universität entfernen zu lassen. Auch in den Folgejahren bis 1945 sei es zu zahlreichen Behinderungen, Anfeindungen und Drohungen bis hin zur Warnung vor dem Konzentrations-

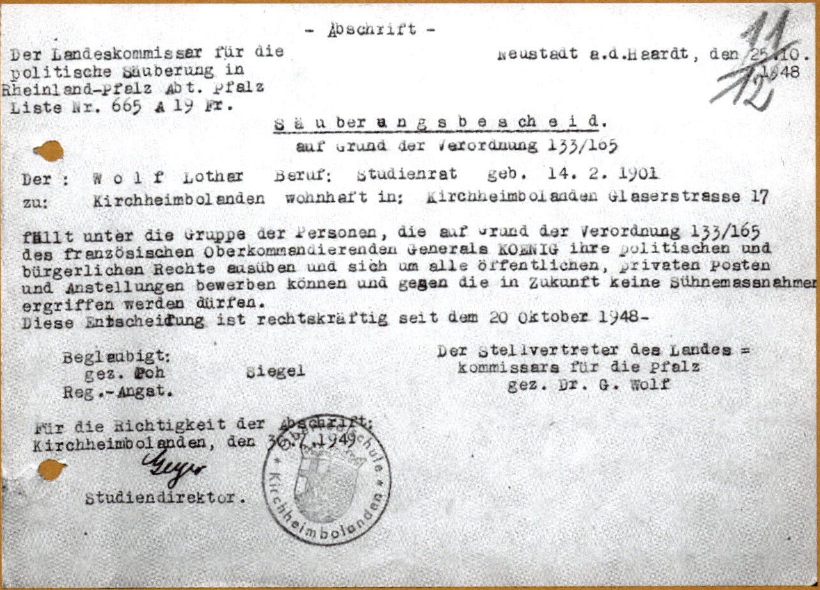

\- Abschrift -

Der Landeskommissar für die
politische Säuberung in
Rheinland-Pfalz Abt. Pfalz
Liste Nr. 665 A 19 Fr.

Neustadt a.d.Haardt, den 25.10.1948

11/12

Säuberungsbescheid.
auf Grund der Verordnung 133/165

Der : Wolf Lothar Beruf: Studienrat geb. 14. 2. 1901
zu: Kirchheimbolanden wohnhaft in: Kirchheimbolanden Glaserstrasse 17

fällt unter die Gruppe der Personen, die auf Grund der Verordnung 133/165 des französischen Oberkommandierenden Generals KOENIG ihre politischen und bürgerlichen Rechte ausüben und sich um alle öffentlichen, privaten Posten und Anstellungen bewerben können und gegen die in Zukunft keine Sühnemassnahmen ergriffen werden dürfen.
Diese Entscheidung ist rechtskräftig seit dem 20 Oktober 1948-

Beglaubigt:
gez. Poh
Reg.-Angst.

Siegel

Der Stellvertreter des Landes=
kommissars für die Pfalz
gez. Dr. G. Wolf

Für die Richtigkeit der Abschrift:
Kirchheimbolanden, den 30.7.1949
Geyer
Studiendirektor.

Oberrealschule Kirchheimbolanden

Abb. 6.1. Säuberungsbescheid.

lager gekommen. Man habe ihm unter anderem Judenfreundlichkeit, Katholizismus und Internationalismus zur Last legen wollen.

Diese lückenhafte Selbsteinschätzung offenbarte erneut sein problematisches Verhältnis zur eigenen Biographie.

Der seit 1946 zunächst als Aushilfslehrer an der Oberrealschule Kirchheimbolanden tätige „Prof. Dr. Karl Lothar Wolf“ musste in den Folgejahren die rheinland-pfälzische Kultusbürokratie nachdrücklich und mit reichlich beschriebenem Papier davon überzeugen, dass, ausweislich seiner wissenschaftlichen wie pädagogischen Erfahrungen als Hochschullehrer, eine Beförderung zum beamteten Oberstudiendirektor gerechtfertigt sei. Dieses Bemühen wurde durch eine vom Direktorat der Oberrealschule abgegebene, sehr lobenswerte Einschätzung unterstützt.[8] Daraufhin ernannte man ihn im Januar 1950 zum Studienrat.[9] Zu guter Letzt erfolgte im Juli des gleichen Jahres die Beförderung des „früheren Universitätsprofessors" Karl Lothar Wolf zum Oberstudiendirektor, einschließlich die Zuweisung auf die Planstelle des Anstaltsleiters der Oberrealschule Kirchheimbolanden – ab 1950 Staatliches Nordpfalzgymnasium – sowie die Übernahme in das Beamtenverhältnis auf Lebenszeit.[10]

Nunmehr in gesicherten wirtschaftlichen Verhältnissen stehend, erscheint ein Brief, den Wolf am 28. Juli 1953 an den damaligen Präsidenten der Leopoldina in Halle, den Geographen Otto Schlüter, gerichtet hatte, auf den ersten Blick überraschend. In diesem Schreiben fragte er an, ob für ihn die Möglichkeit bestünde,

> „in Weimar oder Halle oder Leipzig oder Jena eine dauernde wissenschaftliche Tätigkeit auszuüben, sei es als Chemiker oder in Fragen von Göthes Naturwiss. und der Geschichte der Naturwissenschaft überhaupt."[11]

Schlüter konnte dieses Ansinnen freilich nur abschlägig beantworten. Denkbar ist es, dass Wolf die Anforderungen als Schulleiter über den Kopf zu wachsen drohten und für die Verfolgung seiner nach wie vor bestehenden wissenschaftlichen und editorischen Interessen und Vorhaben keinen Freiraum boten. Also suchte er eine ordentlich dotierte Anstellung, die ihm solche Freiheiten hätte bieten können. Sie in dieser Zeit ausgerechnet im deutschen Osten zu suchen, zeugte freilich von wenig politischem Fingerspitzengefühl.

Letztlich sah er keine andere Möglichkeit, als sich auf eigene Füße zu stellen, um unabhängig von Dienstpflichten seinen wissenschaftlichen Ambitionen verstärkt nachgehen zu können. Deshalb bat er im Sommer 1954 um Entlassung aus dem höheren Schuldienst, aus dem der Oberstudiendirektor dann am 1. Oktober 1954 tatsächlich ausschied.

Mit einem bemerkenswerten autobiographischen Rückblick auf die Zeitspanne von 1945 bis 1954 beschrieb Wolf seinen Anteil am Wiederaufbau des ehemaligen Progymnasiums in Kirchheimbolanden.[12] Zunächst ohne Amt, dann als „nichtgeprüfte Hilfslehrerkraft", habe er zusammen mit Wilhelm Troll dafür Sorge getragen, aus einem demolierten Gebäude durch reichlich Eigeninitiative und mit Wohlwollen von Amtsträgern eine Schule aufzubauen, in der schon 1948 ein Schülerjahrgang zur Reifeprüfung gebracht werden konnte. Als besonders schwierig habe sich die Gewinnung von guten Lehrkräften erwiesen, so dass „der Unterricht in Griechisch zeitweise fast ausschließlich von mathematisch-naturwissenschaftlichen Lehrern" getragen werden musste, so auch von ihm. Man habe darüber hinaus vieles dafür getan, durch das Organisieren musikalischer Veranstaltungen, Theateraufführungen oder von Vortragsabenden das kulturelle Leben in dem Pfalzstädtchen zu bereichern.

Eine geradezu emphatische Würdigung des Lebens und Wirkens Wolfs, bevorzugt für die Zeit nach 1945, hat Robert Wolff in einer 1975 erschienenen Festschrift des Nordpfalzgymnasiums zu Papier gebracht.[13] In seinem Text heißt es unter anderem:

> „Was den Universitäts- und Gymnasiallehrer Karl Lothar Wolf vor vielen anderen unverwechselbar auszeichnete, war seine ungewöhnliche geistige Erscheinung. Ein ungeheuer wacher Geist war hier gepaart mit dem unermüdlichen Willen, in jungen Menschen Geist zu wecken, ein klarer kritischer Verstand mit dem Bemühen, Verantwortungsgefühl zu pflanzen, ein hochentwickelter pädagogischer Eros mit dem Anruf an alle, die er zu bilden hatte, das Schöne, Wahre und Gute zu lieben."

Der Leitung und dem Kollegium des Gymnasiums war nicht entgangen, dass Wolf neben den Dienstobliegenheiten einer „umfangreichen wissenschaftlichen Tätigkeit" nachgegangen war. Man müsse „seine ausserordentliche Spannkraft bewundern."[14] Wolf dachte tatsächlich nicht im Geringsten daran, seine Forscherkarriere in der Nachkriegszeit zugunsten einer Schulmeisterlaufbahn aufzugeben. Vielmehr verfolgte er bereits Ende der 1940er Jahre konsequent das Ziel, neben den Dienstpflichten am Gymnasium eine eigenständige wissenschaftliche Tätigkeit wiederaufzunehmen und auszubauen. Dafür konnte er schließlich auf reiche Erfahrungen als Bitt- und Antragsteller bei der Notgemeinschaft der Deutschen Wissenschaft und bei der Chemieindustrie zurückgreifen, um Geldquellen für die Fortsetzung seiner unterbrochenen Publikations- und Forschungsvorhaben zu erschließen.

Nähere Auskünfte über diese Absichten sind anhand der von ihm an die Notgemeinschaft bzw. an die DFG gestellten Beihilfeanträge sowie der erschienenen Veröffentlichungen zu erhalten. Bis zu seinem Ausscheiden aus dem Schuldienst hatte Wolf bei der DFG bereits sieben Beihilfeanträge gestellt, die überwiegend bewilligt wurden.[15] In der Mehrzahl betrafen sie die Herausgeberbeteiligung von Goethes Schriften zur Naturwissenschaft; in zwei Fällen jedoch das Thema „Untersuchungen auf dem Gebiet der Chemie der Grenzflächen" unter der Adresse „Grenzflächenlaboratorium Marienthal über Rockenhausen". An den naturwissenschaftlichen Auftragsforschungen, die vorerst unter dem Dach des Gymnasiums begonnen worden waren, beteiligte sich auch die Botanikerin Dorothea Kuhn, indem sie unter anderem die Sedimentation von Pulvern in Flüssigkeiten untersucht hatte.[16]

Was in den letzten Kriegsjahren für die Ausgabe von Goethes Schriften weitgehend vorbereitet worden war, sich jedoch wegen der nahenden Katastrophe nicht mehr wie geplant publizieren ließ, gelang nun mit starker Unterstützung durch die Leopoldina-Präsidenten Emil Abderhalden, Otto Schlüter und Kurt Mothes in Halle und vor allem dank der Beharrlichkeit von Leiva Petersen, der Leiterin des Weimarer Verlages Hermann Böhlaus Nachfolger. Bis 1955 wurden folgende Bände herausgegeben:[17]

Band 11 (1947): Geologie und Mineralogie (1770 – 1810),
Band 12 (1949): Geologie und Mineralogie (1812 – 1832),
Band 13 (1951): Beiträge zur Optik und Anfänge der Farbenlehre (1790 – 1808),
Band 14 (1955): Zur Farbenlehre. Didaktischer Teil 1810.

Die Bearbeitung dieser Ausgaben besorgten Günther Schmid und Rupprecht Matthaei.

Nachgeborene werden sich kaum vorstellen können, welche Schwierigkeiten es gab, diese Editionen über die deutschen Zonengrenzen und über unterschiedliche Währungsgebiete hinweg fertigzustellen. Einen Eindruck davon vermittelt der noch erhaltene Schriftverkehr zwischen dem Leopoldina-Präsidenten und Wolf.[18]

Neben speziellen Fachpublikationen aus seinem Interessengebiet betätigte sich Wolf in den ersten Nachkriegsjahren auch als Autor kleinerer Buchausgaben, die teilweise in überarbeiteten Neuauflagen erschienen. Sie sind heutigentags nur noch antiquarisch zu erhalten:

- Hölderlin. Briefe zur Erziehung.[19]
- Das Urbild des elementaren Atoms.[20]
- Gestalt und Symmetrie. Eine Systematik der symmetrischen Körper.[21]
- Über Natur und Naturbetrachtung. Aus Goethes Schriften ausgewählt und mit erläuternden Ergänzungen versehen.[22]
- Versuche zur Physik und Chemie der Grenzflächen.[23]

Ferner galt es, das Lehrbuch „Theoretische Chemie“[24] und die „Praktische Einführung“[25] in redigierten Auflagen herauszubringen. Das Lehrbuch erfuhr 1948 zunächst eine zweite und 1954 eine dritte Auflage. Das Praktikumsbuch schließlich wurde 1951 und 1954 in zweiter und dritter Auflage angeboten.

Die bald nach Kriegsende in Fachjournalen erschienenen Veröffentlichungen Wolfs ließen eine thematische Schwerpunktverlagerung erkennen. Der abschließenden Aufarbeitung seines bisherigen Leitthemas „Orientierungszustände in Flüssigkeiten“[26] folgte die verstärkte Orientierung auf die Grenzflächenforschung als künftigen Kernbereich. Dazu konnte auf Erfahrungen aus früheren Arbeiten, besonders auch auf die im Vierjahresplaninstitut gewonnenen, zurückgegriffen werden.

Was die Gewinnung fähiger wissenschaftlicher Mitarbeiter für seine Vorhaben anging, so erwies sich Wolfs weit über das Fachliche hinausreichende, ungewöhnlich breite Interessen- und Ideenspektrum als großer Vorteil. Es bot begeisterungsfähigen Studenten immer wieder „Resonanzfrequenzen“ und experimentelle Möglichkeiten für wissenschaftliches Arbeiten in seinem Wirkungsfeld.

6.2 Die Keimzelle des Fraunhofer-Instituts für Grenzflächen- und Bioverfahrenstechnik (IGB)

In einer Pressemitteilung des Fraunhofer-Instituts für Grenzflächen- und Bioverfahrenstechnik (IGB) in Stuttgart hieß es:

> „Mit einem Festsymposium feiert das Stuttgarter Fraunhofer-Institut [...] am 25. September 2013 sein 60-jähriges Bestehen. Das Forschungsspektrum des Instituts, das aus einem kleinen, 1953 in der Pfalz gegründeten Forschungslabor für Physik und Chemie der Grenzflächen hervorging und 1969 an den Hochschulstandort Stuttgart zog, wurde im Laufe der Jahre kontinuierlich erweitert. Heute arbeiten mehr als 300 Mitarbeiter in Stuttgart und Projektgruppen in Würzburg, Straubing und Leuna in den Geschäftsfeldern Medizin, Pharmazie, Chemie, Umwelt und Energie."[27]

Weiter hieß es in einer Jubiläumsschrift „60 Jahre IGB":

> „Die Wurzeln des IGB liegen in der Pfalz. In Kirchheimbolanden baut der in Fachkreisen äußerst renommierte Physiker und Chemiker Prof. Dr. Karl Lothar Wolf 1953 zunächst in den Räumen des Gymnasiums, an dem er lehrt, ein Laboratorium für Physik und Chemie der Grenzflächen auf, um sich den Grenzflächenvorgängen an pulverförmigen Festkörpern zu widmen. Er finanziert die Grenzflächenforschung mit Spenden aus der Industrie und Mitteln der Deutschen Forschungsgemeinschaft. Das Institut zieht nach Marienthal.[28] 1962 übernimmt die noch junge Fraunhofer-Gesellschaft das Institut, zunächst unter dem bisherigen Namen: Fraunhofer-Institut für Physik und Chemie der Grenzflächen IGf."[29]

Die etwas differierenden Zeitangaben müssen wohl so verstanden werden, dass die Angliederung um das Jahr 1962 zunächst formell erfolgte. Denn in einem weiteren Bericht, den Wolf noch vor seinem Tod am 3. Februar 1969 verfasst hatte und der erst posthum erschien, wurde mitgeteilt, dass die Umsiedlung des Instituts nach Stuttgart im April 1969 verwirklicht worden sei.[30]

Abb. 6.2. Das Institut für Physik und Chemie der Grenzflächen mit Nebengebäude (Bibliothek und Büros) im nordpfälzischen Marienthal

Die Zusammenfassung skizziert eine institutionelle Entwicklung, die Wolf ausgelöst hatte und die es ihm ermöglichte, seine Grenzflächenforschungen wiederaufzunehmen und bis 1969 recht erfolgreich auszubauen. Mit den Vorbereitungen dazu hatte er bereits während seiner Tätigkeit am Nordpfalzgymnasium begonnen. Ab 1954 konnte er die Ausgestaltung mit voller Kraft in eigenen Räumen vornehmen.

6.3 Das Institut für Grenzflächenforschung (IGf) Marienthal

Eine von Anwendungszielen losgelöste, akademisch ausgerichtete Grundlagenforschung hatte sich für Wolf fortan praxisbezogenen Aufgabenstellungen der Geldgeber unterzuordnen, denn neben der Unterstützung durch die Deutsche Forschungsgemeinschaft mussten Personal- und Sachmittel eingeworben werden, vor allem von der chemischen Großindustrie, wie etwa der BASF Ludwigshafen.

Über die Entstehung und die Entwicklung der Forschungseinrichtung gab Wolf um das Jahr 1965 einen Einblick.[31] Seine Initiative sei zu verstehen als Fortführung des in Halle aufgelösten Vierjahresplaninstituts.

Eine erste Geräteausstattung habe die BASF in Ludwigshafen ermöglicht, in der inzwischen sein ehemaliger Schüler Hans-Georg Trieschmann als Direktor und Leiter des Olefinlaboratoriums in die erste Hierarchieebene aufgestiegen war. Erhebliche Schwierigkeiten traten jedoch bei der Bereitstellung von Sach- und Personalmitteln auf, so dass die Arbeiten 1953 mit nur einem der ehemaligen Mitarbeiter beginnen konnten. Durch Ferienkurse für einige Studenten und durch Ausbildung von Nachwuchskräften gelang es endlich, die Einrichtung ab 1962 zusammen mit jungen Wissenschaftlern und technischen Mitarbeitern so zu entwickeln, dass ein Anschluss und schließlich eine Übernahme durch die Fraunhofer-Gesellschaft realisierbar erschien. Abgesehen von der technischen Ausstattung würde jedoch „ein fester, nicht spezialisierter Grundetat" immer noch fehlen. Um diese Schwierigkeiten einigermaßen überwinden zu können, wären Einnahmen aus Vertragsforschung sowie Spenden aus der Industrie und von Forschungsstiftungen unerlässlich gewesen. Ganz wichtig erschiene ihm die Spezialausbildung von Chemikern, Physikern und Ingenieuren im Anschluss an ein bereits abgeschlossenes Hochschulstudium. Auf diese Weise seien bereits vier Dissertationen und zwei Diplomarbeiten entstanden. Weil Wolfs Institut ein Privatunternehmen war, und er kein akademisches Lehramt bekleidete, mussten solche Graduierungsverfahren formal an naturwissenschaftlichen Fakultäten benachbarter Universitäten, wie Mainz, beantragt, begutachtet und dort zum Abschluss gebracht werden.

Apropos Universität Mainz: Bereits 1946 hatte der mit Wolf befreundete Wilhelm Troll den Ruf nach Mainz als ordentlicher Professor und Leiter des Botanischen Gartens angenommen. Als Erbauer und Einrichter des auf einer trostlosen Einöde errichteten Botanischen Gartens erwarb er in Mainz „großen Respekt und viel Sympathie".[32] 1966 wurde Troll emeritiert. Ein weiterer, mit Wolf aus den Königsberger Jahren 1928/29 gut bekannter Fachkollege war Herbert A. Stuart, der 1955 als ordentlicher Professor für Physikalische Chemie nach Mainz berufen worden war. Diese günstige personelle Konstellation eröffnete unter anderem die erwähnten Graduierungsmöglichkeiten für Wolfs Marienthaler Mitarbeiter.

Des Weiteren ist anzunehmen, dass sich beide Herren bei der Mainzer Fakultät dafür eingesetzt hatten, für ihren Freund und Fachkollegen, der nach dem Ende seiner Lehreranstellung keine regelmäßigen Bezüge mehr hatte, eine Anstellung an der Universität mit fixem Einkommen zu ermöglichen. Tatsächlich unterbreitete die besagte Fakultät Anfang des Jahres 1959 dem zuständigen Ministerium in Rheinland-Pfalz den Vorschlag, dem „früheren ordentlichen Professor an der Universität Halle, Dr. Lothar Wolf, die Rechtsstellung eines entpflichteten Hochschullehrers zuzuerkennen."[33] Per Erlass des Ministeriums für Unterricht und Kultus gemäß Grundgesetz Artikel 131 (**Abb. 6.3.**) wurde Wolf daraufhin ab 1. Juni 1959 entpflichteter ordentlicher Professor an der Johannes-Gutenberg-Universität Mainz. Seine monatlichen Emeritenbezüge beliefen sich auf rund 1.300 DM.[34] Die Quintessenz: Ohne das von ihm jahrzehntelang geflochtene und gepflegte Netzwerk zu Freunden, Bekannten und Befürwortern wäre diese diplomatische Lösung nicht möglich gewesen.

Freilich hatte Wolf das Pech, Physikochemiker und nicht Jurist geworden zu sein. Denn die ehemaligen Protagonisten der „Stoßtruppfakultät" an der Universität Kiel hatten nicht so lange warten müssen, um sich nach dem Zusammenbruch des von ihnen juristisch intensiv betreuten NS-Regimes auf Lehrstühlen westdeutscher Universitäten niederlassen zu können. Georg Dahm erhielt 1955 beispielsweise einen Rückruf auf eine ordentliche Professur nach Kiel, der „Kronjurist" des Dritten Reiches Ernst Rudolf Huber bekleidete ab 1957 in Göttingen eine Professur, ebenfalls in Göttingen lehrte ab 1954 Friedrich Schaffstein als ehemaliger Vertreter der NS-Strafjustiz.

Einen gewissen Aufschluss über die in Marienthal verfolgten Arbeitsrichtungen liefern die bei der DFG beantragten Beihilfen.[35] Zwischen Sommer 1955 und Herbst 1968 wurden 30 Anträge mit einer Beihilfesumme von immerhin mehr als 900.000 DM bewilligt. Davon entfielen auf das Projekt „Herausgabe von Goethes Naturwissenschaftlichen Schriften" etwa 70.000 DM. Die weiteren Antragsthemen, wie üblich generalisierend formuliert, betrafen zum Beispiel Untersuchungen auf dem Gebiet der Grenzflächen, Formen flüssiger Körper in Abhängigkeit von Kohäsions- und Adhäsionswirkungen, Untersuchung des Verhaltens elektrophoretisch abgeschiedener Lackschichten und anderer Überzüge unter grenzflächenenergetischen Gesichtspunkten, oder Reibung und Schmierung bei verschiedenen Grenzflächenbeschaffenheiten.

Über die Tätigkeit und die wissenschaftliche Position des IGf zog Wolf 1969 eine Zwischenbilanz.[36] Darin werden relativ ausführlich und untersetzt mit dem Hinweis auf eine moderne Geräteausstattung die etablierten Forschungsschwerpunkte des Instituts benannt, in dem nunmehr sieben Akademiker unterschiedlicher Fachrichtungen mit dem zugehörigen Hilfspersonal tätig seien:

1. *Bestimmung grenzflächenenergetischer Grundgrößen von Flüssigkeiten und Festkörpern.*
   Dazu gehörten Randwinkel- und Grenzflächenspannungsmessungen an Kunststoffen und die Verfolgung von Oberflächenspannungsänderungen bei Phasenumwandlungen der Substrate.
2. *Wässrige Tensidlösungen.* Dabei ging es um das Verhalten oberflächenaktiver Substanzen an Grenzflächen.
3. *Haftfestigkeit und grenzflächenenergetische Größen.*
   Es fanden Untersuchungen zum Haften verklebter Kunststoffe und zum Einfluss modifizierter Oberflächen auf die Haftung statt.
4. *Adsorption und Desorption an Festkörpern mit hoher und niedriger Oberflächenenergie.*
   Es ging um die Adsorption und Desorption von Gasen und Dämpfen an hydrophoben oder hydrophilen Festkörpern.
5. *Sedimentations- und Agglomerationsverhalten pulverförmiger Festkörper.*
   Es sollte unter anderem der Einfluss von Parametern diverser Dispergierflüssigkeiten geklärt werden.
6. *Anisotropie von Reibung und Abrieb.*
   Untersuchung der Anisotropie der Reibung und des Abriebs von Kristallen sowie ihre Beeinflussbarkeit durch grenzflächenaktive Substanzen; infrage stand auch die Anisotropie der Bruchneigung von Einkristallen.
7. *Grenzflächenenergetische Größen und elektrischer Zustand.*
   Untersuchungen der Zusammenhänge zwischen grenzflächenenergetischen Größen und dem elektrischen Zustand der Grenzflächen. Dazu wurden Kontaktpotentiale an Fest-Flüssig-Grenzflächen ermittelt.

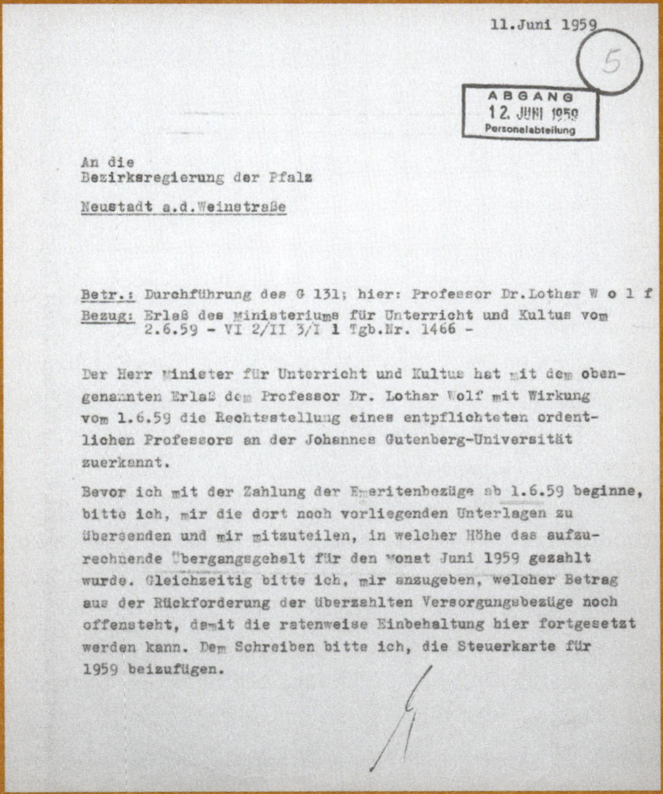

11.Juni 1959

(5)

ABGANG
12. JUNI 1959
Personalabteilung

An die
Bezirksregierung der Pfalz

Neustadt a.d.Weinstraße

Betr.: Durchführung des G 131; hier: Professor Dr.Lothar W o l f

Bezug: Erlaß des Ministeriums für Unterricht und Kultus vom 2.6.59 - VI 2/II 3/I 1 Tgb.Nr. 1466 -

Der Herr Minister für Unterricht und Kultus hat mit dem obengenannten Erlaß dem Professor Dr. Lothar Wolf mit Wirkung vom 1.6.59 die Rechtsstellung eines entpflichteten ordentlichen Professors an der Johannes Gutenberg-Universität zuerkannt.

Bevor ich mit der Zahlung der Emeritenbezüge ab 1.6.59 beginne, bitte ich, mir die dort noch vorliegenden Unterlagen zu übersenden und mir mitzuteilen, in welcher Höhe das aufzurechnende Übergangsgehalt für den Monat Juni 1959 gezahlt wurde. Gleichzeitig bitte ich, mir anzugeben, welcher Betrag aus der Rückforderung der überzahlten Versorgungsbezüge noch offensteht, damit die ratenweise Einbehaltung hier fortgesetzt werden kann. Dem Schreiben bitte ich, die Steuerkarte für 1959 beizufügen.

Abb. 6.3. Ordentlicher Professor an der Universität Mainz.

Die Ergebnisse dieser Forschungen boten Anlass für reges Publizieren in Fachjournalen. Scheinbar gab es dagegen keine Bedenken der industriellen Förderer und Geldgeber, selbst wenn es sich um sehr detaillierte Mitteilungen handelte. Neben allem, was zum Betrieb und zur Finanzierung seines Instituts zu tun war, musste Wolf für das, was heutzutage als Öffentlichkeitsarbeit bezeichnet wird, mit Wort und Schrift allgemeine Aufmerksamkeit und Interesse erzeugen. Mit seinen Vorträgen, die er häufig auch zur Demonstration von Flüssigkeitsfilm-Phänomenen nutzte, konnte er in Schulen, Universitäten oder in der Industrie auf breites Interesse stoßen, Kontakte knüpfen und fähige Mitarbeiter gewinnen.

Sehr viel Arbeit verwandte der Leiter des IGf für Monographien, beispielsweise für ein zweibändiges Werk zur Symmetrie.[37] Ferner für die ebenfalls in zwei Bänden erschienene Darstellung der Oberflächen- und Grenzschichtforschung vor dem Hintergrund des damaligen Kenntnisstandes unter Hervorhebung der eigenen Ergebnisse und der Ergebnisse seiner Mitarbeiter.[38] Die Darlegungen umfassen mehr als 600 Seiten, gestaltet im typisch wolfschen Stil: Trotz häufiger Verwendung komplexer Sätze eine auf Anschaulichkeit und Verständnis ausgerichtete Diktion mit Betonung der experimentellen Methoden der Grenzflächenforschung. Dabei wurde keine Gelegenheit ausgelassen, deren Phänomene mit dem gestaltverhafteten Weltbild des Autors in Verbindung zu bringen, und – wo möglich – in visueller Form ausgiebig darzustellen.

Etwa zehn Jahre später erschien von ihm das kleine Bändchen „Tropfen, Blasen und Lamellen", in dem besonders die verschiedenen Grenzflächenformen von Flüssigkeiten zur Darstellung gebracht wurden.[39] Darin findet sich auch eines der speziellen wolfschen Steckenpferde, nämlich die Erzeugung und das Studium flüssiger Gerüstlamellen. Davon machte er in seinen Experimentalvorträgen, erinnerlich beispielsweise aus den 1960er Jahren im Chemischen Kolloquium der Universität Halle, ausgiebig Gebrauch.

Die aktivsten Mitarbeiter des Marienthaler Instituts werden im Folgenden kurz dargestellt.

Edelbert Bischoff
gehörte bis Mitte der 60er Jahre zum Arbeitskreis des IGf. Anfänglich wurde von ihm dort die Grenzflächenaktivität an Pulvern in Flüssigkeiten untersucht. Die Ergebnisse finden sich in seiner 1958 an der Universität Freiburg eingereichten Dissertation. Ein weiteres Arbeitsfeld betraf das Bewegungsverhalten von pulverförmigen Feststoffen in Flüssigkeiten.[40] Um die Mitte der 1960er Jahre verließ er Marienthal. Die weitere Spurensuche führt dann nach Mainz zu einer „Gesellschaft für Hausbiologische

Forschung mbH" mit Bischoff als deren Leiter. Zumindest publizistisch war die Firma auf dem Gebiet der Allergologie auch international recht engagiert.[41]

Rolf Carl Mayrhofer
hatte in München Physik studiert. Nach dem Studium bewohnte er als Mitarbeiter einige Zeit ein kleines Zimmer in Wolfs Institut in Marienthal. 1969 wurde von ihm eine Diplomarbeit an der Universität Heidelberg angefertigt. Später war Mayrhofer als Lehrer und Lehrerausbilder in Stuttgart und in Landau in der Pfalz tätig.[42]

August Wilhelm Neumann
blieb mit der Grenzflächenforschung sein Leben lang aktiv verbunden. Geboren 1933 in Kirchheimbolanden, wo er bis zum Abitur blieb, hatte er 1962 bei Herbert A. Stuart an der Universität Mainz mit einer Arbeit zur Oberflächenthermodynamik promoviert. Bereits seit 1959 war Neumann Mitarbeiter des IGf in Marienthal und blieb dort bis 1969. 1969–1971 folgte ein Forschungsaufenthalt an der State University of New York at Buffalo, und dann, nach der Habilitation an der Universität Stuttgart 1972, bis 1973 eine Associate Professur an der Universität von Toronto. Dort verblieb Neumann bis zur Emeritierung 1999 als Full Professor im Department of Mechanical and Industrial Engineering. Imponierend ist die Liste seiner mehr als 200 Publikationen.[43] Besonderes Interesse erlangten seine Veröffentlichungen über die Messung und Interpretation von Kontaktwinkeln auf Fest-/Flüssig-Oberflächen zur Ermittlung der, auch technisch, außerordentlich wichtigen Grenzflächenspannungen.[44]

Abb. 6.4. August Wilhelm Neumann um 2010.

Peter Jürgen Sell
zählte zu den publikationsaktivsten IGf-Mitarbeitern. Er beschäftigte sich zunächst ausgiebig mit Seifenlamellen verschiedenster Gestalt, die unter anderem zur Veranschaulichung von Molekül-Valenzgerüsten empfohlen

wurden.[45] Anschließend entwickelte er zusammen mit Neumann Methoden zur Bestimmung von Oberflächenspannungen von Kunststoffen. Besonders interessant waren Untersuchungen über die Temperaturabhängigkeit der Oberflächenspannung von kristallin-flüssigen Estern des Cholesterins.[46] 1967 reichte Sell an der Universität Tübingen eine Dissertation zum Thema „Grenzflächeneigenschaften von α- und β-Alaunen" ein. Mit der Überführung der Marienthaler Einrichtungen nach Stuttgart gelangte auch Sell in das Forschungsfeld des IGB der Fraunhofer-Gesellschaft. Dort untersuchte er zusammen mit Einrichtungen der Luft- und Raumfahrt beispielsweise den Ablauf von Grenzflächenprozessen bei Schwerelosigkeit.[47]

Robert Wolff
hatte an der Martin-Luther-Universität Halle-Wittenberg ab 1939 Naturwissenschaft – Mathematik, Physik, Chemie – studiert.[48] Noch vor Kriegsende 1945 legte er unter Wolfs Betreuung eine Diplomarbeit zum Thema „Über die Meßverfahren der Grenzflächenchemie und ihre theoretische Entwicklung aus der Gauß-Laplaceschen Gleichung" vor.[49] Wolff ging anschließend nach Kirchheimbolanden, wo er bis Mitte der 1950er Jahre im Wirkungsbereich seines Diplomvaters blieb – zunächst als Mathematik- und Physiklehrer am Gymnasium und dann auch als wissenschaftlicher Mitarbeiter am IGf. In diesen Jahren entstanden einige gemeinsame Publikationen mit Wolf, beispielsweise 1950 ein Praktikumsheft über Grenzflächenversuche.[50] Durch Vermittlung konnte Wolff 1953 an der Universität Mainz bei Stuart mit dem Thema „Zur physikalischen Chemie der Assoziations- und Aggregationserscheinungen" promovieren. Die Dissertation hatte sich am IGf aus seiner Beschäftigung mit aus „Übermolekeln" bestehenden Gleichgewichtssystemen ergeben.[51] Des Weiteren untersuchte er im Marienthaler Institut die Sedimentation von Pulvern in Flüssigkeiten.[52]

Abb. 6.5. Robert Wolff.

Abb. 6.6. Karl Lothar Wolf (Aus: Wolf 1965 / 1967, 490).

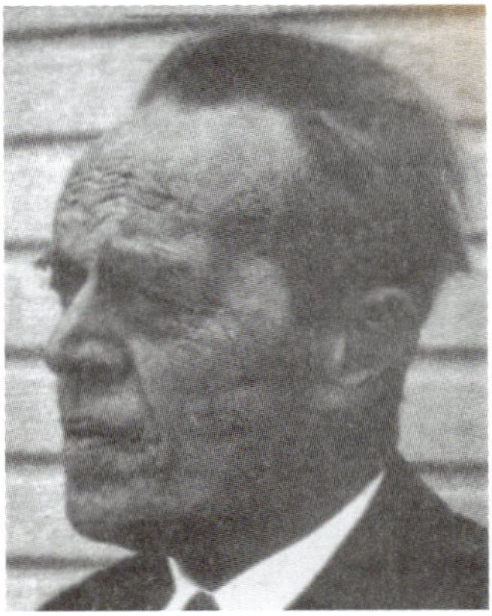

Zusammen mit seinem Lehrer verfasste er eine zweiteilige Monographie zur Symmetrie (1956).[53] Sein weiterer Lebensweg führte ihn in den höheren rheinland-pfälzischen Schuldienst.[54] Mit dem gleichen Eifer, mit dem Wolff seine Entwicklung als forschender Wissenschaftler gestaltet hatte, widmete er sich nun den pädagogischen Aufgaben und in späteren Lebensjahren der literarischen Forschung.

Im Gefolge seiner akademischen Ausbildung als Chemiker und der Erfahrungen als Gymnasiallehrer erschienen von ihm etliche Anleitungen und Bücher für Schüler, Studenten und Lehrer, so beispielsweise das Buch „Physikalische Chemie – Eine Einführung für Lehrer und Studierende".[55] Der ehemalige Wolf-Schüler, der es bis zum Oberstudiendirektor brachte, leitete von 1963 bis 1985 das Stefan-George-Gymnasium in Bingen am Rhein. Das Leben und Wirken des Dichters und Namensgebers George standen dann auch im Zentrum des literarischen Engagements von Wolff.[56] Indirekt erfüllte er damit ein Vermächtnis seines inzwischen verstorbenen akademischen Lehrers, der sich seinerzeit in Kiel vom Stefan-George-Kreis hatte inspirieren lassen. Dafür wurden ihm vielerlei Anerkennungen und Ehrungen zuteil.

Zweifellos verdiente Wolf durch die Gründungsinitiative des IGf, dessen erfolgreiche Realisierung in Marienthal und die Eingliederung seines Instituts in die Fraunhofer-Gesellschaft Respekt und Anerkennung. Denn ein Institut, wenn auch nur ein kleines, unter den Bedingungen der Nachkriegszeit finanziell und fachlich auf eigenes Risiko aufzubauen und zu unterhalten, dürfte sich der Vorstellung und der Fähigkeit manches vorverurteilungsbeflissenen Kritikers schon damals als unzugänglich erwiesen haben.

Karl Lothar Wolf verstarb nach kurzer, schwerer Krankheit am 3. Februar 1969 in Mainz und wurde am 6. Februar 1969 in Kirchheimbolanden beigesetzt.

Anmerkungen

1 Nickel 1996.
2 UAM, Bl. 21.
3 Ebd.
4 Siehe dazu Dokumentenanhang 4.
5 UAM, Bl. 6.
6 UAM, Bl. 11 – 12.
7 UAM, Bl. 41.
8 UAM, Bl. 104.
9 UAM, Bl. 151.
10 UAM, Bl. 151.
11 Archiv der Leopoldina, MM 4538, Brief vom 28.7.1953.
12 Wolf 1965.
13 Wolff 1975.
14 UAM, Bl. 104.
15 Deutsche Forschungsgemeinschaft: Originalantragskartei, Beihilfekarte Wo 23.
16 Wolf, Kuhn 1951.
17 Kuhn 2011.
18 Archiv der Leopoldina, MM 4538, Karl Lothar Wolf; Ebd., Schreiben an den Leopoldina-Präsidenten K. Mothes vom 5.5.1955.
19 Wolf 1950a.
20 Wolf 1950b.
21 Wolf, Kuhn 1952.
22 Wolf 1950c.
23 Wolf, Wolff 1950.
24 Wolf 1941 – 1943.
25 Wolf, Trieschmann 1937 – 1938.
26 Wolf, Wolff 1949; Wolf, Metzger 1949.
27 Fraunhofer IGB 2013b.
28 Siehe Abb. 6.2.
29 Fraunhofer IGB 2013a, 6; siehe dazu Dokumentenanhang 6.
30 Wolf 1968 / 1970.
31 Wolf 1965 / 1967.
32 Welcher 2024.
33 UAM, Personalakten Wolf, Blatt 1/9.
34 Ebd., Blatt 5.
35 Deutsche Forschungsgemeinschaft: Originalantragskartei, Beihilfekarte Wo 23.
36 Wolf 1968 / 1970.
37 Wolf, Wolff 1956 sowie Tafelband.
38 Wolf 1957; Wolf 1959.
39 Wolf 1968.
40 Bischoff 1960.
41 UAM, Personalakten Wolf, Blatt 1/9; Bischoff 1989.
42 Wolf 1965 / 1967; Private Mitteilung von D. Demus und E. Mayrhofer.
43 Research.com: A. W. Neumann.
44 Li, Neumann 1992; Kwok, Neumann 1999; Tavana, Neumann 2007.
45 Wolf, Sell 1958.
46 Sell, Neumann 1958.
47 Maisch, Sell, Siekmann 1986.
48 UAHW: Robert Wolff.
49 Entnommen aus Wolf, Wolff 1950.
50 Wolf, Wolff 1950.
51 Wolff 1955.
52 Wolff 1957.
53 Wolf, Wolff 1956 sowie Tafelband.
54 Private Mitteilung von August Wilhelm Neumann.
55 Wolff 1966.
56 Hattemer 1966.

7 Fazit: Der Zerrissene

„Wir sind zerlebt, unser Inhalt ist mit uns dahingegangen. Die Form war alles.“

— Kurt Tucholsky

(aus Tucholsky 1929, 135.)

Soll die facettenreiche Lebens- und Wirkungsgeschichte des Physikochemikers Karl Lothar Wolf ein, wenn auch bescheidener, Beitrag zur nachkriegsdeutschen Erinnerungskultur sein, dann unterliegt der Chronist zwangsläufig einem Spannungsverhältnis zwischen der Individualbiographie und deren Reflexion vor dem historischen und heutigen Hintergrund. Der Autor hätte sich dieses Dilemmas durch eine einseitige Darstellung entledigen können, wie sie häufig in solchen Fällen bevorzugt wird. Das aber wäre weder seiner Intention noch seiner eigenen Biographie gerecht geworden.

Die Physikalische Chemie war zu Beginn des 20. Jahrhunderts hierzulande der Chemie und vor allem der Physik endgültig entwachsen und konnte sich institutionalisieren. Das war das Verdienst ihrer berühmten Gründerväter, wie beispielsweise Robert Wilhelm Bunsen, Ludwig Boltzmann, Wilhelm Ostwald, Walther Nernst und Fritz Haber. Durch deren jüngere Nachfolger, zu nennen sind vor allem James Franck, Arnold Eucken, Georg Joos, Erich Hückel, Karl-Friedrich Bonhoeffer und Wilhelm Jost, hatte diese Entwicklung eine erfolgreiche Fortsetzung erfahren. Und auf dem Gebiet der experimentellen physikalischen Chemie lieferte nicht zuletzt auch Wolf dazu beachtliche Beiträge.

Gemessen am Umfang seines wissenschaftlichen Lebenswerkes, als Forscher, als Hochschullehrer und als Autor, muss er sich einer geradezu obsessiven Arbeitsintensität hingegeben haben. Im Gegensatz zu den genannten Kollegen ging er jedoch mit gleicher Verve zweifelhafte außerwissenschaftliche Arrangements ein, die allerdings später seiner Erinnerung und einer selbstkritischen Analyse zu entgleiten drohten.

Zweifellos gehörte Wolf zu einer Kategorie von Persönlichkeiten, für die es post festum besonders schwierig ist, die Koordinaten eines Psychogramms zu fixieren (siehe Dokumentenanhang 5). Erschwert wird diese Aufgabe durch das häufige Nebeneinander von fachwissenschaftlichen Leistungen und wissenschaftstheoretischen Eigenwilligkeiten sowie politisch-ideologischem Opportunismus. Wenigstens wäre aber festzuhalten, dass Wolf mit dem permanenten Konflikt zwischen seinem Anspruch auf besondere Leistungen und Akzeptanz einerseits und dem Gefühl des unverstandenen und benachteiligten Genius andererseits lebte. Augenscheinlich hinderten ihn jedoch Wahrnehmungslücken, beispielsweise ein eingeschränktes Gespür für den Grenzverlauf zwischen konstruktivem Diskurs und Rechthaberei, den Konflikt aufzulösen. Diese Kluft war eine der Ursachen für seine nicht selten polarisierenden und apodiktischen Äußerungen in Wort und Schrift. Die Pflege der akademischen Etikette gehörte nicht zu seinen Stärken, wohl aber die Nutzung akademischer Kontakte für sein berufliches Fortkommen.

Seinen Bemühungen, neue wissenschaftstheoretische und naturphilosophische Räume zu erschließen, blieb ein größerer Durchbruch versagt. Dazu fehlte den ausufernden historischen Rückgriffen – vielfach bezogen auf Sennert und Goethe und begleitet von einer germano-zentrierten Blickwinkelverengung – die vorurteilungsfreie Perspektive. Es bleibt gleichermaßen unverständlich wie bedauerlich, dass sich Wolf einem geistigen Provinzialismus hingab, dessen Maxime in der Ablehnung des „westlich-jüdischen“ Rationalismus bestand. Dazu passte die spürbare Aversion gegen moderne Entwicklungen in Physik und Chemie, soweit sie – wie etwa die Quantenmechanik oder die chemische Thermodynamik – nicht in seinem gestaltverhafteten Weltbild unterzubringen waren. Insbesondere sein Anliegen, die Chemie gestalttheoretisch auszurichten, hat in Fachkreisen wenig Begeisterung hervorgerufen. Geblieben ist aber die von ihm zwar nicht erfundene, aber reichlich angewendete morphologische Denk- und Herangehensweise.

Die in etlichen Publikationen weitererzählte These, er sei die Leitfigur einer arisch geprägten „Deutschen Chemie“ gewesen, hat sich bei eingehenderer Betrachtung seiner fachwissenschaftlichen Hinterlassenschaften nicht erhärten lassen. Jedenfalls ist es nicht gerechtfertigt, Wolf in ein Licht zu setzen, dessen Intensität jenem entspräche, welches auf den „Deutschen Physiker“ Philipp Lenard oder einen Johannes Stark fokussiert werden muss.

Die kontrastreiche, von Licht und Schatten durchzogene Gestalt Karl Lothar Wolf hat jedenfalls einen Wissenschaftler umschlossen, der als inspirierender Physikochemiker, als akademischer Lehrer, als Autor und Herausgeber – wie etwa der Schriften zur Naturwissenschaft von Goethe – und auch als Schul- und Institutsleiter sowie durch sein Mitwirken bei der Gründung eines prosperierenden Fraunhofer-Instituts beachtliche Verdienste erworben hatte.

8 Anhang

› <https://doi.org/10.47261/1576-A>

8.1 Vita, beruflicher Werdegang

14.2.1901	Geboren in Kirchheimbolanden (Rheinpfalz)
1907 – 1911	Volksschule in Kirchheimbolanden
1911 – 1915	Progymnasium in Kirchheimbolanden
1915 – 1920	Humanistisches Gymnasium in Neustadt, Abitur
1920 – 1925	Studium der Physik und Chemie an den Universitäten Bonn, Gießen, Heidelberg und München
1926	Promotion in München (Theoretische Physik) Austritt aus der evangelischen Kirche
1925 – 1927	Assistent am Astrophysikalischen Observatorium in Potsdam (Einsteinturm)
1927 – 1929	Assistent am Chemischen Institut der Universität Königsberg
1928	Habilitation in Königsberg (Physikalische Chemie)
1928 – 1929	Beauftragt mit der Vertretung des Faches Physikalische Chemie an der Universität Kiel
1929 – 1930	Abteilungsvorsteher am Institut für Physikalische Chemie an der Technischen Hochschule Karlsruhe
1930 – 1936	Ordentlicher Professor (persönliches Ordinariat) für Physikalische Chemie an der Universität Kiel, Institutsdirektor
1.5.1933	Aufnahme in NSDAP, später zeitweise Zellenleiter
1933	Ablehnung eines Rufes nach Karlsruhe
27.4.1933	Wahl zum Rektor in Kiel, Amtsantritt noch im April
1933 – 1935	Rektor der Universität Kiel
1934 – 1935	Ratsherr der Stadt Kiel
1934	Erweiterter Lehrauftrag für Geschichte der Naturwissenschaften
1936	Strafversetzung nach Würzburg, unter anderem wegen einer Affäre mit der Studentin Leiva Petersen
1936 – 1937	Beauftragt mit der Vertretung des Faches Physikalische Chemie an der Universität Würzburg
1936 – 1945	Mitglied des Nationalsozialistischen Deutschen Dozentenbundes

1936 – 1945	Mitglied in „Deutsche Jägerschaft und Dozentenschaft"
1937	Kommissarische Leitung des ao. Lehrstuhls für Physikalische Chemie in Würzburg, der nach der 1936 erfolgten Versetzung von K. Clusius vakant geworden war.
1937	Beauftragt mit der Vertretung des Faches Physikalische Chemie an der Universität Halle
1938 – 1945	Planmäßiges Extraordinariat für Physikalische Chemie an der Universität Halle; Institutsdirektor
1938 – 1945	Übernahme von Forschungsaufträgen des Reichsamtes für Wirtschaftsausbau, Entwicklung neuer Schmiermittel
1940	Mitglied in der Leopoldina
Ab 1941	Mitherausgeber von Goethes Schriften zur Naturwissenschaft
1942	Kriegsverdienstkreuz II. Klasse
1943 – 1945	Zusätzlich Direktor des Vierjahresplaninstitutes für Grenzflächenforschung in Halle
1944	Kriegsverdienstkreuz I. Klasse
1945	Verbringung mit dem „Abderhalden-Transport" nach Westen; Entlassung aus dem Dienst der Universität Halle
1945 – 1946	„Amtlos" verbrachte Zeit
1946 – 1950	Studienrat der Oberrealschule in Kirchheimbolanden
1946	Spruch der Zentralen Säuberungskommission Hessen-Pfalz: Belassung im Dienst, vier Jahre Gehaltskürzung um 30 %
1948	Aufhebung aller privaten und öffentlichen Beschränkungen aufgrund der Verordnung 133/165 des französischen Oberkommandierenden in Rheinland / Pfalz
1950 – 1954	Studienrat und Oberstudiendirektor an der Oberrealschule in Kirchheimbolanden
1954	Auf eigenem Wunsch aus dem Schuldienst ausgeschieden
1955 – 1959	Aufbau und Leitung eines privaten Instituts für Physik und Chemie der Grenzflächen (IGf) in Kirchheimbolanden und Marienthal
1959	Rechtsstellung eines entpflichteten ordentlichen Professors an der Universität Mainz entsprechend Grundgesetz Art. 131

1962	Mitinitiator der Gründung des Fraunhofer-Instituts für Grenzflächen- und Bioverfahrenstechnik (IGB) Stuttgart
1962 – 1969	IGf als externe Abteilung des IGB Stuttgart
1969	Überführung des IGf in das IGB nach Stuttgart
3.2.1969	Gestorben in Mainz, beigesetzt in Kirchheimbolanden.

8.2 Dokumente

Die im Folgenden zusammengestellten Dokumente sollen das Bild von der Vielschichtigkeit der charakterlichen, ethisch-wissenschaftlichen und politisch-weltanschaulichen Ausrichtung Karl Lothar Wolfs ergänzen. Die Quellenangaben zu den Faksimiles sind im Bildnachweis aufgeführt.

Dokument 1
Gutachten zur Zeitschrift *Die Naturwissenschaften* vom 23. März 1935 für das REM

Herr Minister!

Das in Ihrem Schreiben W II e Nr 85 vom 5. Februar 35, das ich unter dem 20. Februar vorläufig beantwortet habe, angeforderte Gutachten erlaube ich mir nachstehend zu übersenden.

Eine entscheidende Vorbedingung für eine Auswirkung des wissenschaftlichen Unterrichts auf die völkische Erziehung in den naturwissenschaftlichen Disziplinen ist die weltanschauliche Durchdringung und Unterbauung der Naturwissenschaften und die klare Erkenntnis dieser (immer bestehenden) weltanschaulichen Voraussetzung naturwissenschaftlicher Forschung. Es ist erstaunlich, bis zu welchem Grade bei den meisten Naturwissenschaftlern an unseren Universitäten die Verständnislosigkeit für diese Frage gewachsen ist. Der moderne Name für diese Absonderung ist „Positivismus", eine Tarnung des alten Materialismus. Bei dieser Gegebenheit kommt einer naturwissenschaftlichen Zeitschrift allgemeinerer Art erhöhte Bedeutung zu. Eine solche Zeitschrift lag bis vor ganz kurzem nur in den „Naturwissenschaften" (Verlag Springer, Redakteur

A. Berliner) vor. Diese Zeitschrift, die zugleich offizielles Organ der Kaiser Wilhelm Gesellschaft und der Gesellschaft der Naturforscher und Ärzte ist, ist aber seit langem jedem Einsichtigen bekannt als Bannerträger des reinsten internationalen und rassenlosen Positivismus.

Sieht man sich auf den Einwand hin, dass es für die Naturwissenschaften doch gar nicht auf Weltanschauung ankäme und dass hier vielmehr nur die positive Einzelleistung zu werten sei, einen Band der „Naturwissenschaften" durch, so kommt man zu einem überraschenden Ergebnis, das ich dadurch charakterisieren will, dass ich auf Grund einer Lektüre aller Aufsätze allgemeineren Inhalts *eines* Bandes (des Jahrgangs 1932) meine Eindrücke schildere:

Im Hintergrund steht die Verehrung von Einstein. Mag man dessen physikalische Leistung einschätzen wie man will, so steht doch unbestritten fest, dass einmal von jüdischer und kommunistischer Seite eine (zweifellos schon unanständige) Reklame für Einstein getrieben wurde, die die nur für Spezialisten geltenden Hypothesen und Formeln (ungeachtet auch ihr Anfechtbarkeit) zu einer ungeheuren philosophischen Tat, einer „kopernikanischen Leistung" aufbauschte.

W e y l bekämpft ganz offenkundig die geistig-schöpferische Periode von Herder-Goethe-Fichte.

v. M i s e s kritisiert die grundlegenden Arbeiten Burgdörfers. Er bietet wohl das schlagendste Beispiel. Er meint, die sinkende Geburtenziffer könne durch Zurückdrängung der Sterbeziffer ausgeglichen werden, und die Warnungen Burgdörfers seien so überflüssig. Er fordert also programmässige Überalterung des Volkskörpers. Man kann in der Stellungnahme von Mises nur eine zynische Sabotage der Eugenik sehen.

Bezeichnend sind weiter die völlig abwegigen Behauptungen des Herausgebers B e r l i n e r über Goethe.

J o r d a n vertritt mit besonderer Entschiedenheit den sogenannten Positivismus, der in materialistischer Auffassung alles Seelische als sinnlose Hypothese aus der Wissenschaft ausschaltet.

Abb. A.1.–A.3. Ein problematischer Zug seines Naturells war seine Neigung zu Überheblichkeit, Diskreditierung, ideologischer Ausgrenzung und Intransigenz. Ein Beispiel dafür ist das von Reichserziehungsminister Bernhard Rust abgeforderte Gutachten zur Zeitschrift *Naturwissenschaften*.

Prof.Dr.L.Wolf 23.3.35

An den

Herrn Minister für Wissenschaft, Erziehung und Volksbildung.

Berlin.

Herr Minister!

Das in Ihrem Schreiben W II e Nr 85 vom 5. Februar 35, das ich unter dem 20. Febr. vorläufig beantwortet habe, angeforderte Gutachten erlaube ich mir nachstehend zu übersenden:

Eine entscheidende Vorbedingung für eine Auswirkung des wissenschaftlichen Unterrichts auf die völkische Erziehung in den naturwissenschaftlichen Disziplinen ist die weltanschauliche Durchdringung und Unterbauung der Naturwissenschaften und die klare Erkenntnis dieser (immer bestehenden) weltanschaulichen Voraussetzung naturwissenschaftlicher Forschung. Es ist erstaunlich, bis zu welchem Grade bei den meisten Naturwissenschaftlern an unseren Universitäten die Verständnislosigkeit für diese Frage gewachsen ist. Der moderne Name für diese Absonderung ist "Positivismus", eine Tarnung des alten Materialismus. Bei dieser Gegebenheit kommt einer naturwissenschaftlichen Zeitschrift allgemeinerer Art erhöhte Bedeutung zu. Eine solche Zeitschrift lag bis vor ganz kurzem nur in den "Naturwissenschaften" (Verlag Springer, Redakteur A. Berliner) vor. Diese Zeitschrift, die zugleich offizielles Organ der Kaiser Wilhelm Gesellschaft und der Gesellschaft der Naturforscher und Ärzte ist, ist aber seit langem jedem Einsichtigen bekannt als Bannerträger des reinsten internationalen und rasselosen Positivismus.

Sieht man sich auf den Einwand hin, dass es für die Naturwissenschaften doch gar nicht auf Weltanschauung ankäme und dass hier vielmehr nur die positive Einzelleistung zu werten sei,einen Band der "Naturwissenschaften durch,so kommt man zu einem überraschenden Ergebnis,das ich dadurch charakterisieren will,dass ich auf Grund einer Lektüre aller Aufsätze allgemieneren Inhalts eines Bandes (des Jahrgangs 1932) meine Eindrücke schildere:

Im Hintergrund steht die Verehrung von Einstein.Mag man dessen physikalische Leistung einschätzen wie mann will,so steht doch unbestritten festdass einmal von jüdischer und kommunistischer Seite eine (zweifellos schon unanständige) Reklame für Einstein getrieben wurde, die die nur für Spezialisten geltenden Hypothesen und Formeln(ungeachtet auch ihrer Anfechtbarkeit) zu einer ungeheuren philosophischen Tat, einer "kopernikanischen Leistung" aufbauschte.

W e y l bekämpft ganz offenkundig die geistig-schöpferische Periode von Herder-Goethe-Fichte.

v.M i s e s kritisiert die grundlegenden Arbeiten Burgdörfers.Er bietet wohl das schlagendste Beispiel.Er meint,die sinkende Geburtenziffer könne durch Zurückdrängung der Sterbeziffer ausgeglichen werden. und die Warnungen Burgdörfers seien so überflüssig..Er fordert also programmässige Überalterung des Volkskörpers.Man kann in der Stellungnahme von Mises nur eine Cynische Sabotage der Eugenik sehen.

Bezeichnend sind weiter die völlig abwegigen Behauptungen des Herausgebers B e r l i n e r über Goethe.

J o d a n vertritt mit besonderer Entschiedenheit den sogenannten Positivismus,der in materialistischer Auffassung alles Seelische als sinnlose Hypothese aus der Wissenschaft ausschaltet.

Die letzten Hefte des Jahrgangs 1934 und die vorliegenden Hefte des Jahrgangs 1935 zeigen,dass in der Gesinnung ein Wandel nicht eingetreten ist.Jordan ist nur noch extremer Positivistisch. Z e n n e c k schreibt eine äusserst triviale Anpreisung der Technisierung alles Lebens,die jeder echten Kultur Hohn spricht.

Es ist selbstverständlich,dass die exakte Forschung ihren Weg

Blatt III.

gehen musste und dass hier nur über die hinter dem Spezialistentum verborgen zur Wirkung kommende Gesinnung zu urteilen ist.Wer aber die Naturwissenschaften liest,der kann nicht übersehen,dass diese Zeitschrift eine unheilvolle zersetzende Wirkung ausüben muss,weilsie mit seelenlosem Intellektualismus bewusst jeder völkischen Kultur entgegenarbeitet.

(NB. Ich erlaube mir,die Umbruchkorrektur eines demnächst erscheinenden Aufsatzes von K.Hildebrandt beizulegen.In den Anmerkungen dieses Aufsatzes werden die "Naturwissenschaften" wiederholt im einzelnen beurteilt.)

Die letzten Hefte des Jahrgangs 1934 und die vorliegenden Hefte des Jahrgangs 1935 zeigen, dass in der Gesinnung ein Wandel nicht eingetreten ist. Jordan ist nur noch extremer positivistisch. Zenneck schreibt eine äusserst triviale Anpreisung der Technisierung alles Lebens, die jeder echten Kultur Hohn spricht.

Es ist selbstverständlich, dass die exakte Forschung ihren Weg gehen musste und dass hier nur über die hinter dem Spezialistentum verborgen zur Wirkung kommende Gesinnung zu urteilen ist. Wer aber die *Naturwissenschaften* liest, der kann nicht übersehen, dass diese Zeitschrift eine unheilvolle zersetzende Wirkung ausüben muss, weil sie mit seelenlosem Intellektualismus bewusst jeder völkischen Kultur entgegenarbeitet.

(NB. Ich erlaube mir, die Umbruchkorrektur eines demnächst erscheinenden Aufsatzes von K. Hildebrandt beizulegen. In den Anmerkungen dieses Aufsatzes werden die „Naturwissenschaften“ wiederholt im Einzelnen beurteilt.)

Dokument 2
Berufungssempfehlung von Karl Ziegler vom 22. Juni 1937

Äusserung über eine evtl. Berufung von Prof. Dr. K. L. Wolf, Würzburg, auf den hiesigen Lehrstuhl für physikalische Chemie.

Als Vertreter des Fachs Chemie würde ich eine Berufung von Herrn Koll. Wolf in unsere Fakultät als Physikochemiker warm begrüssen. Die Energie und die sonstigen persönlichen Eigenschaften von Herrn Wolf bürgen dafür, dass er alles daransetzen wird, um den Ausbau der Gesamtchemie in Halle gemeinsam mit mir planmässig und mit grösstmöglicher Beschleunigung vorwärtszutreiben. Seine hohen wissenschaftlichen Fähigkeiten lassen erwarten, dass er eine starke Anziehungskraft für jungen, begabten Nachwuchs entwickeln wird. Das gesamte wissenschaftliche Leben der hiesigen Chemie wird sich also heben.

Die vielseitigen Interessen und vor allem das grosse Verständnis von Herrn Wolf für Problemstellungen der allgemeinen organischen Chemie berechtigen zu der Voraussage, dass sich sicherlich bald eine sehr erspriessliche Zusammenarbeit zwischen seinem Institut und dem meinigen ergeben würde. Wir ergänzen uns auf manchen Arbeitsgebieten gegenseitig und können uns somit fördern. Für eine jetzt schon in der Entfernung begonnene Zusammenarbeit auf einem Spezialgebiet zwischen Herrn Wolf und mir verspreche ich mir von seinem Kommen sehr viel.

Vom Standpunkte des Direktors des Chem. Instituts wäre vorsorglich zu bemerken, dass Herr Wolf allerdings mit den derzeitigen der physikalischen Chemie gebotenen räumlichen Möglichkeiten zufrieden sein müsste. Die Einengung der eigentlichen Chemie im gemeinsamen Institutsgebäude ist eine so ausserordentlich starke, dass m. E. bei der in Aussicht stehenden Auflösung der Pharmazie die Bedürfnisse des Chemischen Instituts mit knapper Not fürs erste befriedigt werden könnten. Eine Beteiligung der physikalischen Chemie am zu erwartenden Raumgewinn müsste ich daher für unvereinbar mit den Interessen der Gesamtchemie halten.

Ich würde darum bitten, Herrn Wolf gegebenenfalls schon bei etwaigen Berufungsverhandlungen auf diese Sachlage hinzuweisen.

gez. Karl Ziegler

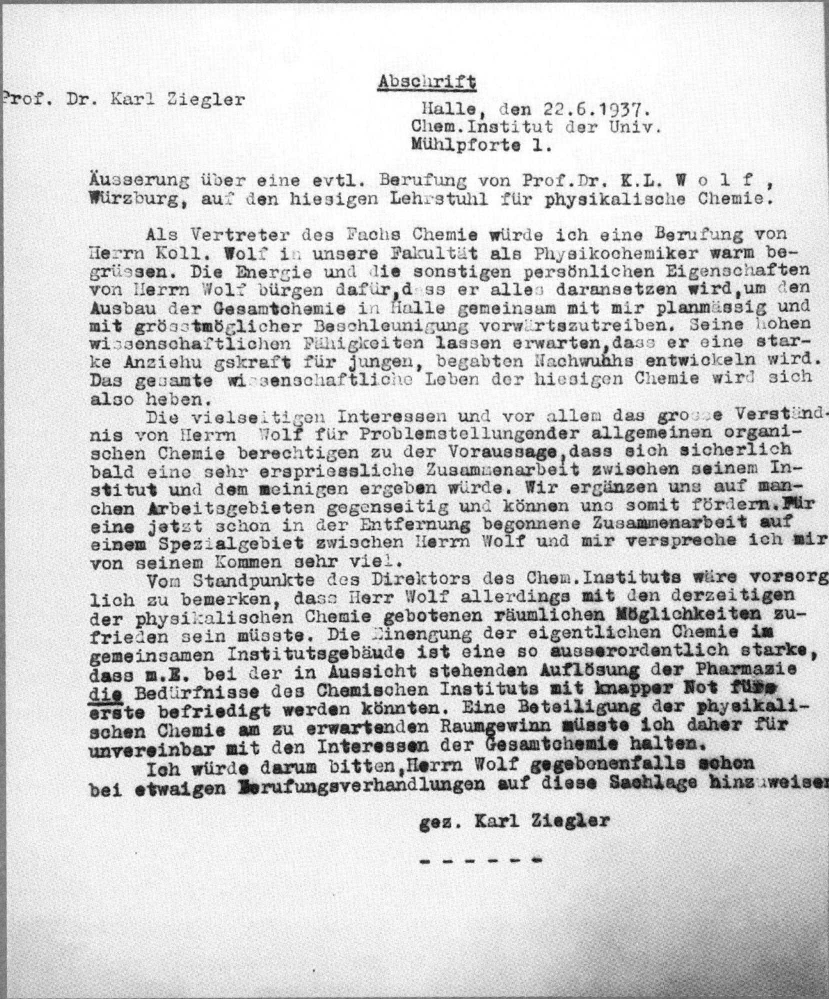

Abschrift

Prof. Dr. Karl Ziegler

Halle, den 22.6.1937.
Chem.Institut der Univ.
Mühlpforte 1.

Äusserung über eine evtl. Berufung von Prof.Dr. K.L. W o l f , Würzburg, auf den hiesigen Lehrstuhl für physikalische Chemie.

Als Vertreter des Fachs Chemie würde ich eine Berufung von Herrn Koll. Wolf in unsere Fakultät als Physikochemiker warm begrüssen. Die Energie und die sonstigen persönlichen Eigenschaften von Herrn Wolf bürgen dafür,dass er alles daransetzen wird,um den Ausbau der Gesamtchemie in Halle gemeinsam mit mir planmässig und mit grösstmöglicher Beschleunigung vorwärtszutreiben. Seine hohen wissenschaftlichen Fähigkeiten lassen erwarten,dass er eine starke Anziehungskraft für jungen, begabten Nachwuchs entwickeln wird. Das gesamte wissenschaftliche Leben der hiesigen Chemie wird sich also heben.

Die vielseitigen Interessen und vor allem das grosse Verständnis von Herrn Wolf für Problemstellungender allgemeinen organischen Chemie berechtigen zu der Voraussage,dass sich sicherlich bald eine sehr erspriessliche Zusammenarbeit zwischen seinem Institut und dem meinigen ergeben würde. Wir ergänzen uns auf manchen Arbeitsgebieten gegenseitig und können uns somit fördern. Für eine jetzt schon in der Entfernung begonnene Zusammenarbeit auf einem Spezialgebiet zwischen Herrn Wolf und mir verspreche ich mir von seinem Kommen sehr viel.

Vom Standpunkte des Direktors des Chem.Instituts wäre vorsorglich zu bemerken, dass Herr Wolf allerdings mit den derzeitigen der physikalischen Chemie gebotenen räumlichen Möglichkeiten zufrieden sein müsste. Die Einengung der eigentlichen Chemie im gemeinsamen Institutsgebäude ist eine so ausserordentlich starke, dass m.E. bei der in Aussicht stehenden Auflösung der Pharmazie die Bedürfnisse des Chemischen Instituts mit knapper Not fürs erste befriedigt werden könnten. Eine Beteiligung der physikalischen Chemie am zu erwartenden Raumgewinn müsste ich daher für unvereinbar mit den Interessen der Gesamtchemie halten.

Ich würde darum bitten,Herrn Wolf gegebenenfalls schon bei etwaigen Berufungsverhandlungen auf diese Sachlage hinzuweisen

gez. Karl Ziegler

\- - - - - -

Abb. A.4. Es gab aber noch den „anderen" Wolf, nämlich den leidenschaftlichen Physikochemiker, so dass der erfahrene und angesehene Ordinarius Karl Ziegler, Direktor des halleschen Chemischen Instituts, die Berufung Wolfs „warm begrüßen würde" – trotz der Bedenken des Physikers Wilhelm Kast. Seine Empfehlung enthielt allerdings den Wermutstropfen, dass der junge Mann sich mit den wenigen vorhandenen Räumen abzufinden habe.

Dokument 3
Vorschlag Adolf Smekals zur Aufnahme von Lothar Wolf in die Leopoldina vom 15. Januar 1940

K. L. Wolf hat zunächst als theoretischer Physiker begonnen und in Zusammenarbeit mit K. F. Herzfeld wesentliche Fortschritte in der Darstellung und Auswertung der Dispersion von Gasen und Salzkristallen herbeigeführt. Dies gab den Anstoß für weitere Untersuchungen über Dispersion und Molekularrefraktion sowie spätere spektroskopische Arbeiten, insbesondere über die Absorptionsspektren von organischen Flüssigkeiten. Ein Teil der Ergebnisse dieses Arbeitsabschnittes hat in dem ausgezeichneten Beitrag von Herzfeld und Wolf über Absorption und Dispersion im Band XX des Handbuches der Physik seinen Niederschlag gefunden.

Aus den optischen Untersuchungen an organischen Flüssigkeiten entwickelte sich immer mehr der flüssige Zustand als das eigentliche Arbeitsgebiet von Wolf. Als physikalischer Chemiker gehört er der betont physikalischen Richtung an, die im Anschluß an A. Eucken hierfür die Bezeichnung „Chemische Physik“ gefunden hat. In Zusammenarbeit mit zahlreichen Schülern hat Wolf ein sehr umfassendes Zahlenmaterial über Dipolmomente, Dampfdrücke, Verdampfungs- und Sublimations- sowie Verbrennungswärmen, Raumerfüllung und innere Reibung von Flüssigkeiten bestimmt und zu einer weitreichenden Diskussion des Ordnungszustandes in Flüssigkeiten benutzt. Von den bereits in Halle entstandenen Untersuchungen aus den letzten beiden Jahren seien insbesondere erwähnt die Arbeiten über „innere Schmierung“, in denen die Abweichungen der Viskosität von Flüssigkeitsgemischen vom idealen Mischungswert festgestellt und auf ihre Ursachen zurückgeführt werden, sowie der Vortrag „über Dipolbildner“, in dem ein den Ionenbildnern analoges Stoffverhalten zum ersten Male systematisch und in sehr fruchtbarer Weise herausgestellt wird.

Zu der bemerkenswerten und sehr fruchtbaren Vereinigung physikalischer und chemischer Interessen und Fähigkeiten gesellt sich bei Wolf ein

Abb. A.5.–A.6. Mitglieder der Leopoldina konnten Vorschläge zur Aufnahme neuer Mitglieder in die Akademie unterbreiten. Adolf Smekal schlug 1940 Wolf vor und begründete seine Empfehlung mit einem fachlich recht ausgewogenen Gutachten.

Ern. v. 24. 2. 1940
Mitgl. Nr. 4538
Dipl ges.

Kaiserlich Leopoldinisch-Carolinisch
Deutsche Akademie der Naturforscher
Halle (Saale)

Der Unterzeichnete schlägt zur Aufnahme als Mitglied der Deutschen Akademie der Naturforscher vor:

Herrn *Lothar Wolf*

Titel: *Prof., Dr. phil.*

Stellung: *Direktor des Instituts f. physikalische Chemie d. Univ. Halle*

Wohnort: *Halle S.*

Straße: *Marsstr. 10*

Geburtsjahr: 1901, 14. Febr.

<u>Begründung des Vorschlages durch den Vorschlagenden:</u>

Anzuführen sind die wichtigsten Veröffentlichungen; ferner ist hervorzuheben, welche wissenschaftlichen Leistungen es sind, die zum Vorschlag geführt haben*).

K. L. W o l f hat zunächst als theoretischer Physiker begonnen und in Zusammenarbeit mit K.F. Herzfeld wesentliche Fortschritte in der Darstellung und Auswertung der Dispersion von Gasen und Salzkristallen herbeigeführt. Dies gab den Anstoß für weitere Untersuchungen über Dispersion und Molekularrefraktion sowie spätere spektroskopische Arbeiten, insbesondere über die Absorptionsspektren von organischen Flüssigkeiten. Ein Teil der Ergebnisse dieses Arbeitsabschnittes hat in dem ausgezeichneten Beitrag von Herzfeld und Wolf über Absorption und Dispersion im Band XX des Handbuches der Physik seinen Niederschlag gefunden.

*) Um Rückfragen zu ersparen, wird gebeten, die Begründung eingehend zu gestalten.

Aus den optischen Untersuchungen an organischen Flüssigkeiten entwickelte sich immer mehr der flüssige Zustand als das eigentliche Arbeitsgebiet von Wolf. Als physikalischer Chemiker gehört er der betont physikalischen Richtung an, die im Anschluß an A.Eucken hierfür die Bezeichnung "Chemische Physik" gefunden hat. In Zusammenarbeit mit zahlreichen Schülern hat Wolf ein sehr umfassendes Zahlen-Material über Dipolmonente, Dampfdrucke, Verdampfungs- und Sublimations- sowie Verbrennungswärmen, Raumerfüllung und innere Reibung von Flüssigkeiten bestimmt und zu einer weitreichenden Diskussion des Ordnungszustandes in Flüssigkeiten benutzt. Von den bereits in Halle entstandenen Untersuchungen aus den letzten beiden Jahren seien insbesondere erwähnt die Arbeiten über "innere Schmierung", in denen die Abweichungen der Viskosität von Flüssigkeitsgemischen vom Mischungswert festgestellt und auf ihre Ursachen zurückgeführt werden, sowie der Vortrag "über Dipolbildner", in dem ein den Ionenbildnern analoges Stoffverhalten zum ersten Male systematisch und in sehr fruchtbarer Weise herausgestellt wird.

Zu der bemerkenswerten und sehr fruchtbaren Vereinigung physikalischer und chemischer Interessen und Fähigkeit gesellt sich bei Wolf ein starker erkenntniskritischer philosophischer Zug verbunden mit wissenschaftshistorisch betonten Fragestellungen, die zu interessanten Veröffentlichungen Veranlassung gaben.

K. L. W o l f ist Mitherausgeber der in zwei Abteilungen erscheinenden "Zeitschrift für physikalische Chemie" sowie (mit A.Eucken) des "Hand- und Jahrbuches der Chemischen Physik". Durch seine originelle Stoffauswahl und seine im besten Sinne moderne Haltung ist das für den Studierenden bestimmte, mit H.Trieschmann verfaßte Buch "Praktische Einführung in die physikalische Chemie" bemerkenswert.

Die durch besondere wissenschaftliche Vielseitigkeit gekennzeichnete und sehr anregend wirkende Persönlichkeit von K.L.W o l f würde durch Aufnahme in die Akademie eine verdiente Würdigung erfahren.

A. Smekal

Datum: 15. Januar 1940 Unterschrift:

starker erkenntniskritischer philosophischer Zug verbunden mit wissenschaftshistorisch betonten Fragestellungen, die zu interessanten Veröffentlichungen Veranlassung gaben.

K. L. Wolf ist Mitherausgeber der in zwei Abteilungen erscheinenden „Zeitschrift für physikalische Chemie" sowie (mit A. Eucken) des „Hand- und Jahrbuches der Chemischen Physik". Durch seine originelle Stoffauswahl und seine im besten Sinne moderne Haltung ist das für den Studierenden bestimmte, mit H. Trieschmann verfaßte Buch „Praktische Einführung in die physikalische Chemie" bemerkenswert.

Die durch besondere wissenschaftliche Vielseitigkeit gekennzeichnete und sehr anregend wirkende Persönlichkeit von K. L. Wolf würde durch Aufnahme in die Akademie eine verdiente Würdigung erfahren.

Dokument 4
Entlastungserklärung von Dorothea Kuhn vom 29. Juni 1945

Ich bin seit 1942 Studentin, später Assistentin bei Prof. Dr. Lothar Wolf am Institut für physikalische Chemie der Universität Halle-Saale gewesen.

Mit Erstaunen hörte ich in meinem ersten Studiensemester, wie er sich offen gegen Militarismus und Nationalsozialismus in Kolleg und Seminar aussprach. Da ich selber sehr in diesem Sinne erzogen war, freute ich mich in ihm einen Lehrer zu finden, der die Jugend auf die Gefahren des Militarismus und Nationalsozialismus aufmerksam machte und uns hinwies auf echt wertvolles Studium. Gerade im Bezug auf Naturwissenschaften, vor allem Biologie, herrschte ja von nationalsozialistischer Seite der Zwang zu blinder Gläubigkeit an „Vererbungsgesetze", „Rassengesetze" usw., darum war es besonders wichtig aber natürlich dementsprechend gefährlich, die Studenten, die von der höheren Schule kommend mit engstem Horizont die Universität bezogen, von diesem Dogma abzuziehen.

Dieser Gefahren für Prof. Wolf wurde ich mir besonders bewusst, als ich von Kommilitonen hörte, dass der Studentenschaftsführer der Universität Halle gesagt habe, dass Prof. Wolf, sobald es möglich sei, von der Universität verschwinden müsse. Vor allem aber als ich ein Kolleg

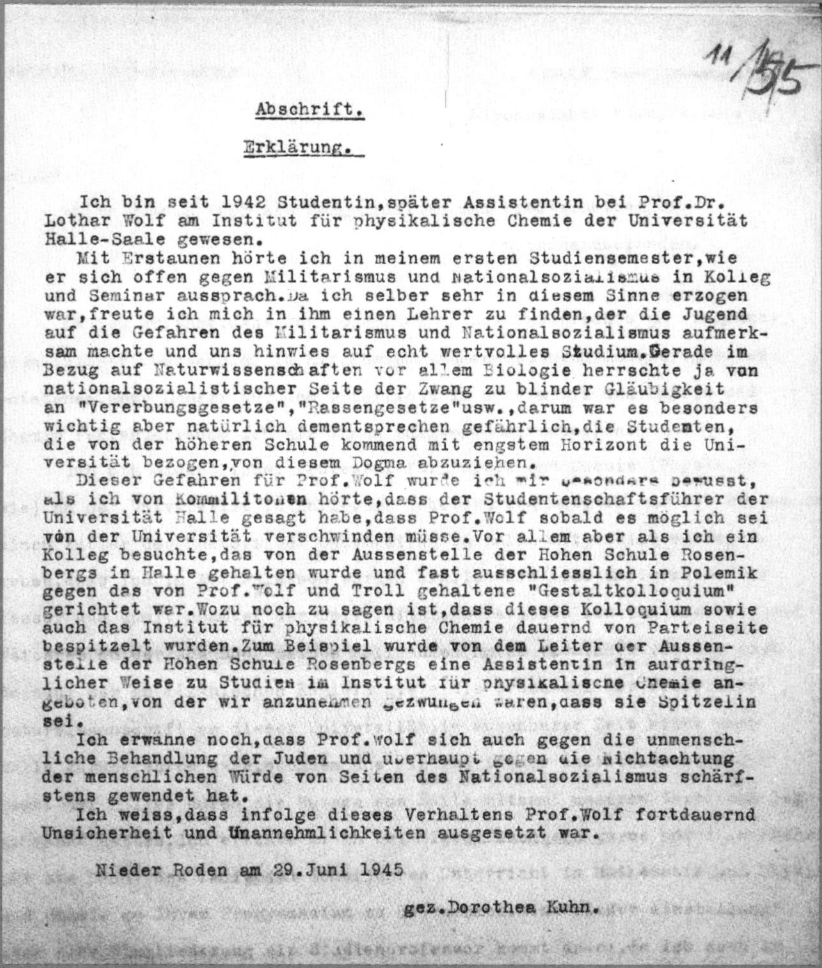

11/135

Abschrift.

Erklärung.

Ich bin seit 1942 Studentin, später Assistentin bei Prof. Dr. Lothar Wolf am Institut für physikalische Chemie der Universität Halle-Saale gewesen.

Mit Erstaunen hörte ich in meinem ersten Studiensemester, wie er sich offen gegen Militarismus und Nationalsozialismus in Kolleg und Seminar aussprach. Da ich selber sehr in diesem Sinne erzogen war, freute ich mich in ihm einen Lehrer zu finden, der die Jugend auf die Gefahren des Militarismus und Nationalsozialismus aufmerksam machte und uns hinwies auf echt wertvolles Studium. Gerade im Bezug auf Naturwissenschaften vor allem Biologie herrschte ja von nationalsozialistischer Seite der Zwang zu blinder Gläubigkeit an "Vererbungsgesetze", "Rassengesetze" usw., darum war es besonders wichtig aber natürlich dementsprechen gefährlich, die Studenten, die von der höheren Schule kommend mit engstem Horizont die Universität bezogen, von diesem Dogma abzuziehen.

Dieser Gefahren für Prof. Wolf wurde ich mir besonders bewusst, als ich von Kommilitonen hörte, dass der Studentenschaftsführer der Universität Halle gesagt habe, dass Prof. Wolf sobald es möglich sei von der Universität verschwinden müsse. Vor allem aber als ich ein Kolleg besuchte, das von der Aussenstelle der Hohen Schule Rosenbergs in Halle gehalten wurde und fast ausschliesslich in Polemik gegen das von Prof. Wolf und Troll gehaltene "Gestaltkolloquium" gerichtet war. Wozu noch zu sagen ist, dass dieses Kolloquium sowie auch das Institut für physikalische Chemie dauernd von Parteiseite bespitzelt wurden. Zum Beispiel wurde von dem Leiter der Aussenstelle der Hohen Schule Rosenbergs eine Assistentin in aufdringlicher Weise zu Studien im Institut für physikalische Chemie angeboten, von der wir anzunehmen gezwungen waren, dass sie Spitzelin sei.

Ich erwähne noch, dass Prof. Wolf sich auch gegen die unmenschliche Behandlung der Juden und überhaupt gegen die Nichtachtung der menschlichen Würde von Seiten des Nationalsozialismus schärfstens gewendet hat.

Ich weiss, dass infolge dieses Verhaltens Prof. Wolf fortdauernd Unsicherheit und Unannehmlichkeiten ausgesetzt war.

Nieder Roden am 29. Juni 1945

gez. Dorothea Kuhn.

Abb. A.7. Zu den zahlreichen entlastenden Erklärungen („Persilscheinen") über das Verhalten Wolfs während der NS-Zeit zählt auch dieses Schreiben Dorothea Kuhns vom 29. Juni 1945. Nach Kriegsende und dem überstandenen „Abderhalden-Transport" hatte sich Wolf um Frau Kuhn bezüglich Unterbringung und Beschäftigung in Kirchheimbolanden sehr bemüht. Das jedoch dürfte kein Grund gewesen sein, die Glaubwürdigkeit ihrer Erklärung in Zweifel zu ziehen.

besuchte, das von der Aussenstelle der Hohen Schule Rosenbergs[1] in Halle gehalten wurde und fast ausschliesslich in Polemik gegen das von Prof. Wolf und Troll gehaltene „Gestaltkolloquium" gerichtet war. Wozu noch zu sagen ist, dass dieses Kolloquium sowie auch das Institut für physikalische Chemie dauernd von Parteiseite bespitzelt wurden. Zum Beispiel wurde von dem Leiter der Aussenstelle der Hohen Schule Rosenbergs eine Assistentin in aufdringlicher Weise zu Studien im Institut für physikalische Chemie angeboten, von der wir anzunehmen gezwungen waren, dass sie Spitzelin sei.

Ich erwähne noch, dass Prof. Wolf sich auch gegen die unmenschliche Behandlung der Juden und überhaupt gegen die Nichtachtung der menschlichen Würde von Seiten des Nationalsozialismus schärfstens gewendet hat.

Ich weiss, dass infolge dieses Verhaltens Prof. Wolf fortdauernd Unsicherheit und Unannehmlichkeiten ausgesetzt war.

Nieder Roden am 29. Juni 1945

gez. Dorothea Kuhn

Dokument 5
Schreiben an den Leopoldina-Präsidenten vom 5. Mai 1955

Sehr geehrter Herr Mothes!

Ich danke für Ihren Brief vom 3. Mai 1955. Es erscheint mir notwendig, dass ich ihn eingehend beantworte. Dabei darf ich allem anderen folgendes vorausschicken: Ich bin der Leopoldina[2] seit bald 20 Jahren engstens verbunden und hatte das Glück, in den Jahren 1938 bis 1945 als einer der engsten Mitarbeiter mit dem mir auch persönlich freundschaftlich nahestehenden Präsidenten Abderhalden zusammenzuarbeiten. Ich bin dabei nie nach aussen hervorgetreten und hatte auch nie diese Tendenz. Wenn es mir gelang, die Ausgabe von Göthes naturw. Schriften seit 1943 in Gang zu

1 Sogenannte „Hohe Schule der NSDAP" mit zahlreichen rassisch orientierten Außenstellen, initiiert und geleitet vom Chef des Außenpolitischen Amts der NSDAP, Alfred Rosenberg.

2 Ab 1945 lag die Leopoldina auf dem Gebiet der SBZ / DDR, nahm jedoch bis zum Mauerbau gesamtdeutsche Wissenschaftsaufgaben wahr.

bringen, so war dadurch allein schon genug gewonnen. Wenn die ebenfalls geplante und bereits vorbereitete Ausgabe der noch fehlenden Ausgabe der theologischen Schriften des Paracelsus an dem Einspruch von hohen Stellen der NSDAP gegen mich, Herrn Troll und den Theologen Schumann scheiterte, so darf ich immer hoffen, dass auch diese Ausgabe noch von der Leopoldina besorgt werden wird. Über diese Aufgaben hinaus war es unser stetes Bestreben, die Leopoldina von dem Zugriff politischer Stellen frei zu halten und es ist wohl als ein grosser Erfolg anzusehen, dass die Leopoldina wohl als einzige der deutschen Akademien sich der Gleichschaltung zu entziehen wusste. Dass sie dabei bewusst nach aussen weniger hervortrat, war wohl kein Schaden. Es war auch gewiss eine Leistung des Alterspräsidenten, dass er die Leopoldina über die schweren Nachkriegsjahre hinwegführte und es schien mir damals stets als eine erneute Bestätigung unserer vorherigen Arbeit, dass wir in der Zeit vor 1945 gerade den Ausgaben grosser Naturforscher das Hauptgewicht gegebenen hatten.

Ganz schmählich war dagegen das Verhalten der „westdeutschen" Mitglieder weithin bei der 300 Jahr-Feier. Soweit ich sehen kann, wurde (bevor die Stadt Schweinfurt verspätet hervortrat) hier in Westdeutschland die 300-Jahrfeier der ältesten Deutschen Akademie praktisch totgeschwiegen. Der einzige Aufsatz in einer wiss. Zeitschrift, der rechtzeitig dieses Jubiläums gedachte, ist m. W. der meinige im „Studium generale" geblieben.

Sie wollen nun die Akademie durch Neugestaltung des Senates „aktivieren". Wenn Sie glauben, dass Sie das u. a. dadurch erreichen, dass Sie den Posten des Adjunkten von Rheinhand-Pfalz anders besetzen, so bin ich ohne persönlichen Groll oder persönliches Ressentiment bereit, zurückzutreten. Ich habe bei zwei politischen Umschwüngen, 1933 und 1945, begreifen gelernt, dass der Stand der Hochschullehrer und Gelehrten weithin einer der verächtlichsten Berufsstände ist. Es hat wohl kein Stand so viel an Würde vermissen lassen, wie gerade der unsere. Wenn es mir also einmal in meiner Jugend als das höchste erreichbare Ziel erschien, diesem Stand anzugehören, so habe ich heute keinerlei Tendenz mehr, in den üblichen Intrigentrott der deutschen Hochschulen eingespannt zu werden. Leider wird es mir, da ich als Prof. z. Wv. gegebenenfalls dazu verpflichtet bin, wohl nicht erspart bleiben, auch wieder aktiv in ein Hochschulamt eingespannt zu werden. Persönlich liegt mir aber daran ebensowenig wie an allen äusseren akademischen Ehren. Es ist also für mich belanglos, ob ich in der Leopoldina zum Senat gehöre oder nicht, wenn ich nur deren wiss. Arbeit fördern kann.

Trotzdem möchte ich Ihnen aber nicht verschweigen, dass ich persönlich der Meinung bin, dass eine Aktivierung des Senates unter den von Ihnen genannten Gesichtspunkten zwar momentan erfolgreich scheinen mag, auf die Dauer aber fragwürdig erscheint. Ich muss auch dazu etwas ausholen:

Ich bin als Sommerfeldschüler in meinen wissenschaftlichen Anfängen im Zentrum der vom Geiste Isaak Newtons und Einsteins bestimmten Physik gestanden. Meine Tätigkeit als Assistent am Einsteininstitut hat mich dann aber sehr bald zunächst die menschliche Fragwürdigkeit von Grössen wie Einstein erkennen lassen. Als ich dann gar begriff, dass sowohl Einsteins Relativitätstheorie wie Bohrs Atomlehre ganz eindeutig auf positivistischen, also vorphysikalischen Prämissen beruhen, sah ich mich vor der Notwendigkeit, mich von dieser Richtung der Physik abzukehren. Dies war bei den Theor. Physikern sowie bei einem Teil der physikalischen Chemiker fast so etwas wie ein Sakrileg. Nicht um die Wahrheit, sondern um Dogma und Macht ging es hier. Ganz anders bei den Chemikern, die teils weniger dogmatisch festgelegt waren, teils aber auch aufgeschlossener.

Als ich dann 1945 durch die amerikanische Militärregierung aus meinem Halleschen Amt „evakuiert" wurde, geschah das Merkwürdige, dass eine kleine Gruppe von Physikern und physik. Chemikern diese Situation glaubten nutzen zu können, mich als einen unliebsamen wiss. Gegner mit unlauteren Mitteln aus dem Kreis Ihrer Hochschulen fernhalten zu können. Das geschah, obwohl z. B. meine Theor. Chemie von den Chemikern weithin glänzend besprochen wurde und obwohl ich lediglich als „Ostvertriebener" mein Amt verloren hatte, während politisch gar nichts vorlag. Ich war keinen Tag aus politischen Gründen meines Amtes enthoben und wurde auch bei den Entnazifizierungsverfahren völlig entlastet. Dagegen setzte alsbald, soweit ich feststellen konnte, unter Führung von Herrn Bonhöffer eine merkwürdige Aktivität gegen mich ein. Ich kriegte Briefe zu sehen, die voll der unsinnigsten Verleumdungen von ganz bestimmter Seite her waren. Der Versuch der Empfänger bzw.

Kenner dieser Briefe, die Verfasser zu bewegen, Ihnen zu erlauben, mir diese Briefe offiziell zur Kenntnis zu bringen, scheiterte an deren Widerstand, so dass mir die Möglichkeit, diese Herrn wegen Verleumdung zu verklagen, genommen wurde. Wohl verständlich, da wohl der eine oder andere mit empfindlicher Gefängnisstrafe rechnen musste.

Sie wissen, dass bei innneruniversitären Verhandlungen viel mit „vertraulichen" Gutachten gearbeitet wird. In meinem Falle ist das absurd. Ich wurde mit 29 Jahren auf ein Ordinariat berufen, stand sofort an erster Stelle auf einer weiteren Liste (1930), erhielt 1933 auf Wunsch meines früheren Institutsdirektors Bredig in Karlsruhe, der selbst Jude war, einen weiteren Ruf auf eines der angesehensten Ordinariate meines Fachs, erhielt dann, nach dem Versuch des Rustschen Ministeriums mich als unliebsam auf ein Extraodinariat nach Würzburg abzuschieben, 1937 einen weiteren Ruf nach Halle, bin Mitglied der Leopoldina und der Akademie in Bologna. Es bedarf also keiner fachlichen Qualifizierung mehr, am wenigsten einer solchen durch den mir fast gleichaltrigen Herrn Bonhöffer. Das schlimmste ist aber, dass hier ganz persönliche Gründe vorliegen. Ich lud Herrn Bonhöffer etwa 1942 zu einem Vortrag in unserem Halleschen chemischen Kolloquium ein. Dieser Vortrag war schlecht, so schlecht, dass mich fast alle Fachkollegen in Halle darauf ansprachen, wie ich dazu komme einen so schlechten Vortrag halten zu lassen. Dieses Urteil musste ich aus gegebenem Anlass weitergeben. Während nun Herr Bonhöffer noch 1942 in meinem Hause freundschaftlich zu Gast war, fiel mir alsbald, nachdem ich das Urteil über seinen Vortrag weitergegeben hatte, auf, dass er gegen zwei meiner Schüler, die nach gewissen Kriegsereignissen in Halle sich auf meinen Rat an ihn um Hilfe wandten, sich fast feindselig äusserte. Mir war damit klar, dass mein Urteil, das sich Herrn Bonhöffer selbst zu sagen mich ohnehin bereit erklärt hatte, indirekt an ihn gekommen war und nun eine Stimmung scharfer Feindschaft bedingte. Fast amüsant ist, dass mir gerade vor kurzem ein Brief in die Hände fiel, in dem Bonhöffer, als ich in Würzburg auf dem Toten Gleise sass, mir 1937 schrieb, Eucken ginge doch wohl aus Göttingen weg und da wäre es dann wohl doch richtig, wenn ich dessen Nachfolger würde.

Mit Bonhöffer ist nun eine ganz bestimmte Gruppe von Leuten eng verbunden, vor allem der Göttinger Phys. Chemiker Jost. Diese kleine Gruppe übt aber nun eine ähnliche Machtpolitik aus wie früher das Berliner Institut von Haber, aus dem Bonhöffer hervorging. Hier allein liegt die Wurzel der Schwierigkeiten, die mir gemacht werden: Im Kampf gegen den unsachlichen Positivismus und in der persönlichen Feindschaft Bonhöffers. Es ist beschämend für die Deutsche Wissenschaft, dass es solche „Päpste" gibt. Und es täte mir leid um die Leopoldina, wenn diese auch dort Einfluss gewännen. Es ist ohnehin schlimm genug, dass bereits die Nobelpreisträger in ihrer Mehrzahl ebenfalls unter positivistischen Gesichtspunkten wirken, ohne dass die Problematik dieses Preises weithin erkannt würde.

Sie schreiben nun in Ihrem Brief, die Senatsmitglieder müssten aktiv im Leben der Hochschulen und Forschungsinstitute stehen und engste persönliche Beziehungen zu den Akademiemitgliedern ihres Gebietes haben. Dazu ist, nach dem Vorangehenden, nun folgendes zu sagen: Die Akademie war Gott sei Dank immer noch unabhängig von den Hochschulen, in Halle zu Abderhaldens Zeit sogar weitgehend auch von der Halleschen Universität. Forschung muss das Akademiemitglied allerdings treiben, aber d.h. doch nicht etwa in Monsterinstituten von der Art der Max Planck Institute. Ich beanspruche sehr wohl, dass mein Laboratorium hier, das ich unabhängig von den offiziellen Stellen, mit Hilfe zwar auch der Deutschen Forschungsgemeinschaft, vor allem aber der chemischen Industrie (IG-Werke, Kalisyndikat u.s.w.) errichtete, als Forschungsstelle ernst genommen wird. Ebenso beanspruche ich, dass mein gerade im Erscheinen begriffenes Buch über Symmetrie, ebenso wie die Spezialarbeiten meines Laboratoriums und wie meine „Theor. Chemie", die in kürzester Zeit 3 Auflagen erlebt, gültig sind, auch dann gültig sind, wenn ich oder besser gerade weil ich unabhängige und eigene Wege gehe. Und es wiederspricht gewiss dem Sinne einer Akademie, wenn man nur den common sense gelten lassen will, jeden Versuch aber, in den Grundlagen eigene Wege zu gehen, trotz seiner Erfolge ausschliessen will. Was nun die Frage engster persönlicher Beziehungen im „Gebiet" betrifft, so teile ich Ihnen folgendes mit: Im Lande Rheinland-Pfalz gibt es nur die Universität Mainz. Diese ist weithin in ihrem Personenstand mit den Mängeln der Neugründung in der ersten Besatzungszeit behaftet. Von den dortigen Akademiemitgliedern sind mir aber zwei, Troll und Buddenbrock, engstens befreundet. Mit den Mainzer Chemikern Kern und Schulz pflege ich guten kollegialen Umgang. Dagegen geniesse ich die Feindschaft des Theor. Physikers Bechert (Akademiemitglied?) und des Physikers Klumb (wohl bestimmt nicht Akademiemitglied). In der Badischen Anilin-und Sodafabrik ist, als einem zweiten Zentrum, wohl nur Dir. Prof. Reppe Akademiemitglied. Er wurde von mir seinerzeit vorgeschlagen und steht seit langem in einem persönlichen Verhältnis zu mir. Bleibt der weitere Umkreis. Die Freiburger Chemiker (Lüttringhaus und Mecke und Brauer) stehen mir persönlich sehr nahe, ebenso die Chemiker Wittig und Kortüm und der Physiker Kossel in Tübingen. Das Gleiche gilt für den phys. Chemiker Briegleb in Würzburg, für den Mineralogen Neuhaus und den Chemiker Schmitz-Dumont in Bonn, für den Botaniker Montfort in Frankfurt und für die Mediziner Nietschke und Achelis in Tübingen und Heidelberg sowie für den Physiker Cl. Schäfer in Köln. Eine grosse Reihe von andern Kollegen sind mir persönlich indifferent bekannt. Ziegler in Mülheim und Goldschmidt in München sind meine persönlichen Freunde. Das in Deidesheim tagende „Kolloquium Palatinum", dem Kapaziten wie der Gräcist W. F. Otto, der Baseler Zoologe Portmann und der Theologe Schumann angehören, steht gleichsam unter meiner Leitung. Dass alles mag Ihnen die Situation schildern. Wenn Ihnen diese der Leopoldina abträglich zu sein scheint, dann nehmen Sie mein Amt ohne Groll von mir zurück. Allerdings dürfte Herr Troll, wie schon vor Jahren, so auch jetzt wohl kaum geneigt sein, es seinerseits zu übernehmen. Zudem dürfte man, wie man mir mein Unchristentum, so ihm seinen „Katholizismus" übelnehmen.

Ich darf diesen Brief zum Anlass nehmen, Ihnen mitzuteilen, dass ich Ende Mai – Anfang Juni wieder für einige Wochen nach Weimar komme. Weiter darf ich Sie bitten, Sie möchten veranlassen, dass ich nunmehr in den Besitz der mir zugesagten Westgeldbeträge meiner beiden Weimarer Aufenthalte vom Dezember und Februar komme.

Indem ich Ihnen für Ihre Arbeit an der Akademie wie für Ihr persönliches Wohlergehen meine besten Wünsche sende, bleibe ich mit freundlichen Grüssen

Ihr sehr ergebener

(gez. Wolf).

Grenzflächenlaboratorium
Prof. Dr. K. L. WOLF

Kirchheimbolanden
Rheinpfalz
5.Mai 1955

Sehr geehrter Herr Mothes!

Ich danke für Ihren Brief vom 3.Mai 1955.Es erscheint mir notwendig,dass ich ihn eingehend beantworte.Dabei darf ich allem anderen folgendesvorausschicken:Ich bin der Leopoldina seit bald 20 Jahren engstens verbunden und hatte das Glück,in den Jahren 1938 bis 1945 als einer der engsten Mitarbeiter mit dem mir auch persönlich freundschaftlich nahe stehenden Präsidenten Abderhalden zusammenzuarbeiten.Ich bin dabei nie nach aussen hervorgetreten und hatte auch nie diese Tendenz.Wenn es mir gelang,die Ausgabe von Göthes naturw.Schriften seit 1943 in Gang zu bringen,so war dadurch allein schon genug gewonnen.Wenn die ebenfalls geplante und bereits vorbereitete Ausgabe der noch fehlenden Ausgabe der theol. Schriften des Paracelsus an dem Einspruch von hohen Stellen der NSDAP gegen mich,Herrn Troll und den Theologen Schumann scheiterte,so darf ich immer hoffen,dass auch diese Ausgabe noch von der Leopoldina besorgt werden wird.Üb r diese Aufgaben hinaus war es unser stetes Bestreben,die Leopoldina von dem Zugriff politischer Stellen frei zu halten und es ist wohl als ein grosser Erfolg anzusehen,dass die Leopoldina wohl als einzige der deutschen Akademieen sich der Gleichschaltung zu entziehen wusste. Dass sie dabei bewusst nach aussen weniger hervortrat,war wohl kein Schaden.Es war auch gewiss eine Leistung des Alterspräsidenten ,dass er die Leopoldina über die schweren Nachkriegsjahre hinwegführte und es schien mir damals stets als eine erneute Bestätigung unserer vorherigen Arbeit,dass wir in der Zeit vor 1945 gerade den Ausgaben grosser Naturforscher das Hauptgewicht gegebenen hatten.

Ganz schmählich war dagegen das Verhalten der "westdeutschen" Mitglieder weithin bei der 300 Jahr-Feier.Soweit ich sehen kann,wurde (bevor die Stadt Schweinfurt verspätet hervortrat) hier in Westdeutschland die 300-Jahrfeier der ältesten Deutschen Akademie praktisch totgeschwiegen.Der einzige Aufsatz in einer wiss.Zeitschrift,der rechtzeitig dieses Jubiläums gedachte,ist m.W. der meinige im "Studium generale" geblieben.

Sie wollen nun die Akademie durch Neugestaltung des Senates "aktivieren".Wenn Sie glauben,dass sie das u.a.dadurch erreichen,dass Sie den Posten des Adjunkten von Rheinland-Pfalz anders besetzen,so bin ich ohne persönlichen Groll oder persönliches Ressentiment bereit zurückzutreten.Ich habe bei zwei politischen Umschwüngen,1933 und 1945, begreifen gelernt,dass der Stand der Hochschullehrer und Gelehrten weithin einer der verächtlichsten Berufsstände ist.Es hat wohl kein Stand so viel an Würde vermissen lassen,wie gerade der unsere.Wenn es mir also einmal in meiner Jugend als das höchste erreichbare Ziel erschien, diesem Stand anzugehören, so habe ich heute keinerlei Tendenz mehr in den üblichen Intrigentrott der deutschen Hochschulen eingespannt zu werden. Leider wird es mir, da ich als Prof.z.Wv. gegebenenfalls dazu verpflichtet bin, wohl nicht erspart bleiben, auch wieder aktiv in ein Hochschulamt eingespannt zu werden. Persönlich liegt mir aber daran ebensowenig wie an allen äusseren akademischen Ehren. Es ist also für mich belanglos, ob ich in der Leopoldina zum Senat gehöre oder nicht, wenn ich nur deren wiss. Arbeit fördern kann.

Trotzdem möchte ich Ihnen aber nicht verschweigen, dass ich persönlich der Meinung bin, dass eine Aktivierung des Senates unter den von Ihnen genannten Gesichtspunkten zwar momentan erfolgreich scheinen mag, auf die Dauer aber fragwürdig erscheint. Ich muss auch dazu etwas ausholen:

Ich bin als Sommerfeldschüler in meinen wissenschaftlichen Anfängen im Zentrum der vom Geiste Isaak Newtons und Einsteins bestimmten Physik gestanden. Meine Tätigkeit als Assistent am Einsteininstitut hat mich aber sehr bald zunächst die menschliche Fragwürdigkeit von Grössen wie Einstein erkennen lassen. Als ich dann gar begriff, dass sowohl Einsteins Relativitätstheorie wie Bohrs Atomlehre ganz eindeutig auf positivistischen, also vorphysikalischen Prämissen beruhen, sah ich mich vor der Notwendigkeit, mich von dieser Richtung der Physik abzukehren. Dies war bei den Theor. Physikern sowie bei einem Teil der physikalischen Chemiker fast so etwas wie ein Sakrileg. Nicht um die Wahrheit, sondern um Dogma und Macht ging es hier. Ganz anders bei den Chemikern, die teils weniger dogmatisch festgelegt waren, teils aber auch aufgeschlossener.

Als ich dann 1945 durch die amerikanische Mil.regierung aus meinem Halleschen Amt "evakuiert" wurde, geschah das Merkwürdige, dass eine kleine Gruppe von Physikern und physik. Chemikern diese Situation glaubten benutzen zu können, mich als einen unliebsamen wiss. Gegner mit unlauteren Mitteln aus dem Kreis Ihrer Hochschulen fernhalten zu können. Das geschah, obwohl z.B. meine Theor. Chemie von den Chemikern weithin glänzend besprochen wurde und obwohl ich lediglich als "Ostvertriebener" mein Amt verloren hatte, während politisch gar nichts vorlag. Ich war keinen Tag aus politischen Gründen meines Amtes enthoben und wurde auch bei den Entnazifizierungsverfahren völlig entlastet. Dagegen setzte alsbald, soweit ich feststellen konnte, unter Führung von Herrn Bonhöffer eine merkwürdige Aktivität gegen mich ein. Ich kriegte Briefe zu sehen, die voll der unsinnigsten Verleumdungen von ganz bestimmter Seite her waren. Der Versuch der Empfänger bzw. Kenner dieser Briefe, die Verfasser zu bewegen, Ihnen zu erlauben, mir diese Briefe offiziell zur Kenntnis zu bringen, scheiterte an deren Widerstand, so dass mir die Möglichkeit, diese Herrn wegen Verleumdung zu verklagen, genommen wurde. Wohl verständlich, da wohl der eine oder andere mit empfindlicher Gefängnisstrafe rechnen musste.

Sie wissen, dass bei innneruniversitären Verhandlungen viel mit "vertraulichen" Gutachten gearbeitet wird. In meinem Falle ist das absurd. Ich wurde mit 29 Jahren auf ein Ordinariat berufen, stand sofort an erster Stelle auf einer weiteren Liste (1930), erhielt 1933 auf Wunsch meines früheren Institutsdirektors Bredig in Karlsruhe, der selbst Jude war, einen weiteren Ruf auf eines der angesehensten Ordinariate meines Fachs, erhielt dann, nach dem Versuch des Rustschen Ministeriums, mich als unliebsam auf ein Extraodinariat nach Würzburg abzuschieben, 1937 einen weiteren Ruf nach Halle, bin Mitglied der Leopoldina und der Akademie in Bologna. Es bedarf also keiner fachlichen Qualifizierung mehr, am wenigsten einer solchen durch den mir fast gleichaltrigen Herrn Bonhöffer. Das schlimmste ist aber, dass hier ganz persönliche Gründe vorliegen. Ich lud Herrn Bonhöffer etwa 1942 zu einem Vortrag in unserem Halleschen chemischen Kolloquium ein. Dieser Vortrag war schlecht, so schlecht, dass mich fast alle Fachkollegen in Halle darauf ansprachen, wie ich dazu komme einen so schlechten Vortrag halten zu lassen. Dieses Urteil musste ich aus gegebenem Anlass weitergeben. Während nun Herr Bonhöffer noch 1942 in meinem Hause freundschaftlich zu Gast war, fiel mir alsbald, nachdem ich das Urteil über seinen Vortrag weitergegeben hatte, auf, dass er gegen zwei meiner Schüler, die nach gewissen Kriegsereignissen in Halle sich auf meinen Rat an ihn um Hilfe wandten, sich fast feindselig äusserte. Mir war damit klar, dass mein Urteil, das ich Herrn Bonhöffer selbst zu sagen mich ohnehin bereit erklärt hatte, indirekt an ihn gekommen war und nun eine Stimmung scharfer Feindschaft bedingte. Fast amüsant ist, dass mir gerade vor kurzem ein Brief in die Hände fiel, in dem Bonhöffer, als ich in Würzburg auf dem Toten Gleise sass, mir 1937 schrieb, Eucken ginge doch wohl aus Göttingen weg und da wäre es dann wohl doch richtig, wenn ich dessen Nachfolger würde.

Mit Bonhöffer ist nun eine ganz bestimmte Gruppe von Leuten eng verbunden, vor allem der Göttinger Phys. Chemiker Jost. Diese kleine Gruppe übt aber nun eine ähnliche Machtpolitik aus wie früher das Berliner Institut von Haber, aus dem Bonhöffer hervorging. Hier allein liegt die Wurzel der Schwierigkeiten, die mir gemacht werden: Im Kampf gegen den unsachlichen Positivismus und in der persönlichen Feindschaft Bonhöffers. Es ist beschämend für die Deutsche Wissenschaft, dass es solche "Päbste" gibt. Und es täte mir leid um die Leopoldina, wenn diese auch dort Einfluss gewännen. Es ist ohnehin schlimm genug, dass bereits die Nobelpreisträger in ihrer Mehrzahl ebenfalls unter positivistischen Gesichtspunkten wirken, ohne dass die Problematik dieses Preises weithin erkannt würde

Sie schreiben nun in Ihrem Brief, die Senatsmitglieder müssten aktiv im Leben der Hochschulen ~~stehen~~ und Forschungsinstitute stehen und engste persönliche Beziehungen zu den Akademiemitgliedern ihres Gebietes

haben. Dazu ist, nach dem Vorangehenden, nun folgendes zu sagen:
Die Akademie war Gott sei Dank immer noch unabhängig von den Hochschulen, in Halle zu Abderhaldens Zeit sogar weitgehend auch von der Halleschen Universität. Forschung muss das Akademiemitglied allerdings treiben, aber d.h. doch nicht etwa in Monsterinstituten von der Art der Max Planck Institute. Ich beanspruche sehr wohl, dass mein Laboratorium hier, das ich unabhängig von den offiziellen Stellen, mit Hilfe zwar auch der Deutschen Forschungsgemeinschaft, vor allem aber der chemischen Industrie (IG-Werke, Kalisyndikat u.s.w) errichtete, als Forschungsstelle ernst genommen wird. Ebenso beanspruche ich, dass mein gerade im Erscheinen begriffenes Buch über Symmetrie ebenso wie die Spezialarbeiten meines Laboratoriums und wie meine "Theor. Chemie", die in kürzester Zeit 3 Auflagen erlebt, gültig sind, auch dann gültig sind, wenn ich oder besser gerade weil ich unabhängige und eigene Wege gehe. Und es wiederspricht gewiss dem Sinne einer Akademie, wenn man nur den commun sens gelten lassen will, jeden Versuch aber, in den Grundlagen eigene Wege zu gehen, trotz seiner Erfolge ausschliessen will. Was nun die Frage engster persönlicher Beziehungen im "Gebiet" betrifft, so teile ich Ihnen folgendes mit: Im Lande Rheinland-Pfalz gibt es nur die Universität Mainz. Diese ist weithin in ihrem Personenstand mit den Mängeln der Neugründung in der ersten Besatzungszeit behaftet. Von den dortigen Akademiemitgliedern sind mir aber zwei, Troll und Buddenrock, engstens befreundet. Mit den Mainzer Chemikern Kern und Schulz pflege ich guten kollegialen Umgang. Dagegen geniesse ich die Feindschaft des Theor. Physikers Becher (Akademiemitglied?) und des Physikers Klumb (wohl bestimmt nicht Akademiemitglied). In Der Badischen Anilin-und Sodafabrik ist, als einem zweiten Zentrum, wohl nur Dir. Prof. Reppe Akademiemitglied. Er wurde von mir seinerzeit vorgeschlagen und steht seit langem in einem persönlichen Verhältnis zu mir. Bleibt der weitere Umkreis. Die Freiburger Chemiker (Lüttringhaus und Mecke und Brauer) stehen mir persönlich sehr nahe, ebenso die Chemiker Wittig und Kortüm und der Physiker Kossel in Tübingen. Das Gleiche gilt für den phys. Chemiker Briegleb in Würzburg, für den Mineralogen Neuhaus und den Chemiker Schmitz-Dumont in Bonn, für den Botaniker Montfort in Frankfurt und für die Mediziner Nietschke und Achelis in Tübingen und Heidelberg sowie für den Physiker Cl. Schäfer in Köln. Eine grosse Reihe von andern Kollegen sind mir persönlich indifferent bekannt. Ziegler in Mühlheim und Goldschmidt in München sind meine persönlichen Freunde. Das in Deidesheim tagende "Kolloquium Palatinum", dem Kapazitent wie der Gräcist W.F. Otto, der Baseler Zoologe Portmann und der Theologe Schumann angehören, steht gleichsam unter meiner Leitung. Dass alles mag Ihnen die Situation schildern. Wenn Ihnen diese der Leopoldina abträglich zu sein scheint, dann nehmen Sie mein Amt ohne Groll von mir zurück. Allerdings dürfte Herr Troll, wie schon vor Jahren, so auch jetzt wohl kaum geneigt sein, es seinerseits zu übernehmen. Zudem dürfte man, wie man mir mein Unchristentum, so ihm seinen "Katholozismus" übelnehmen.

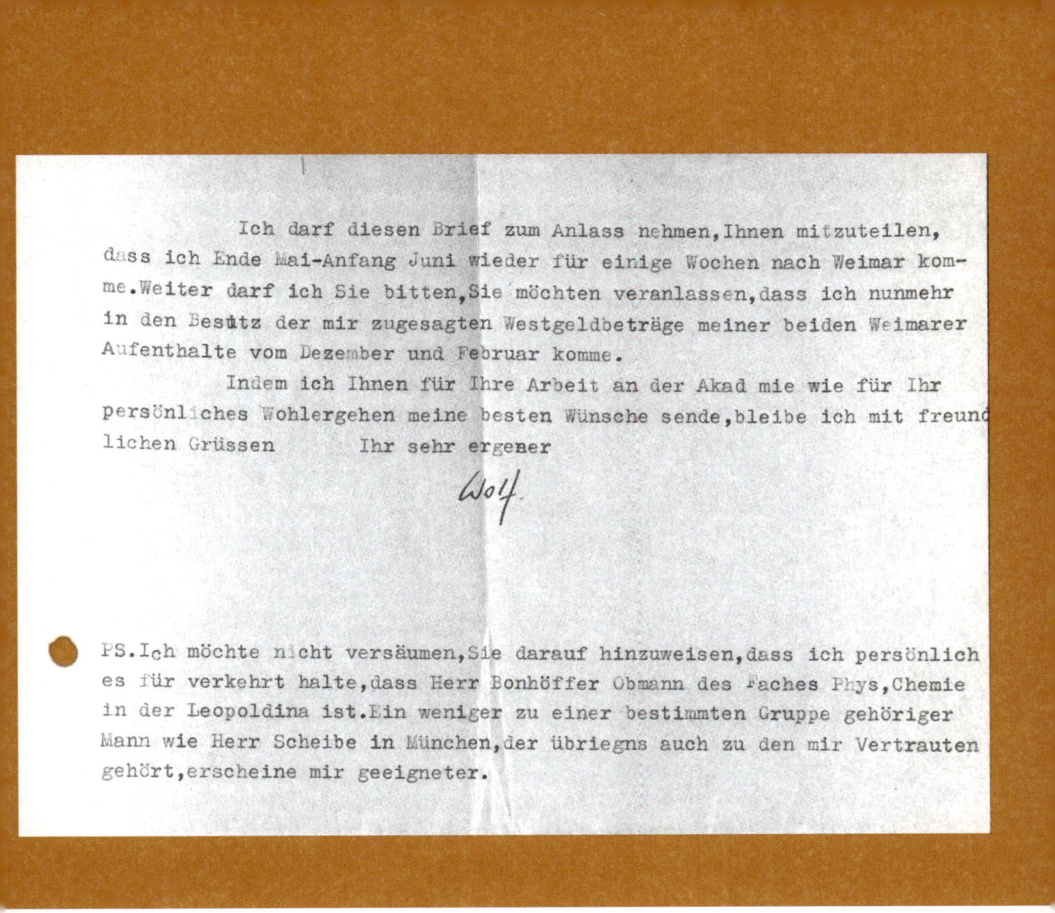

Ich darf diesen Brief zum Anlass nehmen, Ihnen mitzuteilen, dass ich Ende Mai-Anfang Juni wieder für einige Wochen nach Weimar komme. Weiter darf ich Sie bitten, Sie möchten veranlassen, dass ich nunmehr in den Besitz der mir zugesagten Westgeldbeträge meiner beiden Weimarer Aufenthalte vom Dezember und Februar komme.

Indem ich Ihnen für Ihre Arbeit an der Akad mie wie für Ihr persönliches Wohlergehen meine besten Wünsche sende, bleibe ich mit freundlichen Grüssen Ihr sehr ergener

Wolf

PS. Ich möchte nicht versäumen, Sie darauf hinzuweisen, dass ich persönlich es für verkehrt halte, dass Herr Bonhöffer Obmann des aches Phys, Chemie in der Leopoldina ist. Ein weniger zu einer bestimmten Gruppe gehöriger Mann wie Herr Scheibe in München, der übriegns auch zu den mir Vertrauten gehört, erscheine mir geeigneter.

Abb. A.8.–A.12. Das Schreiben Wolfs an den Leopoldina-Präsidenten Kurt Mothes vom 5. Mai 1955 zeichnet ein bemerkenswertes Porträt seiner Mentalität. Es demonstriert die große Bandbreite von Konflikten, deren Ursachen er grundsätzlich nicht bei sich selbst suchte und denen er sich wehrlos und unverstanden ausgeliefert sah. Der Tonfall des Briefes stellt sich als eine merkwürdige Mischung von Wichtigtuerei, Kränkung und Selbstmitleid dar, die dem auf Ausgleich bedachten Kurt Mothes sicherlich einige Sorgen bereitet haben dürfte.

PS. Ich möchte nicht versäumen, Sie darauf hinzuweisen, dass ich persönlich es für verkehrt halte, dass Herr Bonhöffer Obmann des Faches Phys. Chemie in der Leopoldina ist. Ein weniger zu einer bestimmten Gruppe gehöriger Mann wie Herr Scheibe in München, der übrigens auch zu den mir Vertrauten gehört, erschiene mir geeigneter.

Dokument 6
60 Jahre IGB: Der Anfang als IGf

Die Wurzeln des IGB liegen in der Pfalz. In Kirchheimbolanden baut der in Fachkreisen äußerst renommierte Physiker und Chemiker Prof. Dr. Karl Lothar Wolf 1953 zunächst in den Räumen des Gymnasiums, an dem er lehrt, ein Laboratorium für Physik und Chemie der Grenzflächen auf, um sich den Grenzflächenvorgängen an pulverförmigen Festkörpern zu widmen. Er finanziert die Grenzflächenforschung mit Spenden aus der Industrie und Mitteln der Deutschen Forschungsgemeinschaft. Das Institut zieht nach Marienthal. 1962 übernimmt die noch junge Fraunhofer-Gesellschaft das Institut, zunächst unter dem bisherigen Namen: Fraunhofer-Institut für Physik und Chemie der Grenzflächen IGf. Anfang 1969 stirbt Prof. Wolf. Der seit langem geplante Umzug an den Hochschulort Stuttgart erfolgt im gleichen Frühjahr. Prof. Dr. Karl Hamann, Direktor des 2. Instituts für Technische Chemie der Universität Stuttgart sowie Leiter des florierenden Stuttgarter AiF-Instituts „Forschungsinstitut für Pigmente und Lacke e. V.", übernimmt die kommissarische Leitung. *[Anm. d. Autors: Die Arbeitsgemeinschaft Industrieller Forschungsvereinigungen (AiF) „Otto Guericke e. V." wurde 1954 als anwendungsorientierte und von der Industrie getragene Forschungsgemeinschaft gegründet.]*

Prof. Wolf erkennt frühzeitig die Bedeutung von Grenzflächen für industrielle Anwendungen. Während damals die Messtechnik auf die grenzflächenenergetischen Größen beschränkt war – Oberflächenspannung, Benetzungsspannung, Adhäsionsarbeit – wurde das IGB im Laufe der Jahrzehnte mit modernen Untersuchungsmethoden zur Struktur und Morphologie sowie zur chemischen Zusammensetzung von Oberflächen und Grenzflächen ausgestattet. Dennoch besitzen die Berichte aus dieser Zeit auch heute noch Aktualität – wie die Entwicklung weiterer „klassischer" Messmethoden, um das Benetzungsverhalten von Flächen, Glasfasern und Pigmentpulvern zu bestimmen oder die Untersuchung von Benetzungskinetiken beim Eindringen von Flüssigkeiten in Porenräume mit gravimetrischen Methoden oder Technologien zur Vorbehandlung zu beschichtender Flächen, um die Haftfestigkeit von Lacken oder Klebern zu verbessern. Zahlreiche Projekte aus diesem Themengebiet werden

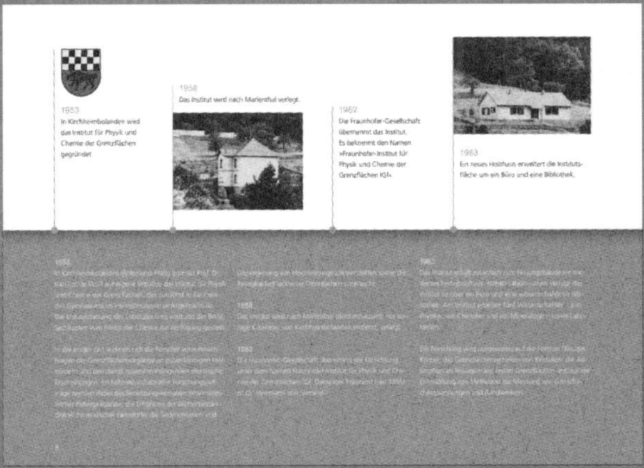

Abb. A.13. – A.15. Ausschnitte aus der Jubiläumsbroschüre, die anlässlich des 60. Jahrestages der Gründung des Stuttgarter Fraunhofer-Instituts für Grenzflächenforschung und Bioverfahrenstechnik (IGB) erschienen ist. Darin wird auf den Ursprung des heutigen Instituts hingewiesen: die von Wolf initiierte Gründung des IGf in Kirchheimbolanden.

direkt im Auftrag der Industrie bearbeitet, andere Arbeiten von der DFG, dem Bundesministerium für Wirtschaft oder der DECHEMA gefördert. Als wichtige Aufgabe sieht das Institut auch schon 1969 die „Ausbildung junger Nachwuchskräfte auf dem Gebiet der Physik und Chemie der Grenzflächen“. [...]

1953 In Kirchheimbolanden (Rheinland Pfalz) gründet Prof. Dr. Karl Lothar Wolf auf eigene Initiative das Institut für Physik und Chemie der Grenzflächen, das zunächst in Räumen des Gymnasiums im Heimatmuseum untergebracht ist. Die Erstausstattung des Laboratoriums wird von der BASF, Sachkosten vom Fonds der Chemie zur Verfügung gestellt.

In der ersten Zeit widmen sich die Forscher vornehmlich Fragen der Grenzflächenvorgänge an pulverförmigen Festkörpern und den damit zusammenhängenden elektrischen Erscheinungen. Im Rahmen industrieller Forschungsaufträge werden dabei das Benetzungsverhalten pharmazeutischer Pulverpräparate, die Erhöhung der Wetterbeständigkeit mineralischer Farbstoffe, die Sedimentation und Dispergierung von Hochleistungsschmierstoffen sowie die Reinigbarkeit lackierter Oberflächen untersucht.

1958 Das Institut wird nach Marienthal (Rockenhausen) verlegt, nur wenige Kilometer von Kirchheimbolanden entfernt.

1962 Die Fraunhofer-Gesellschaft übernimmt die Einrichtung unter dem Namen Fraunhofer-Institut für Physik und Chemie der Grenzflächen IGf. Damaliger Präsident (seit 1955) ist Dr. Hermann von Siemens.

1963 Das Institut erhält zusätzlich zum Hauptgebäude ein modernes Fertigholzhaus. Neben Laborräumen verfügt das Institut so über ein Büro und eine wissenschaftliche Bibliothek. Am Institut arbeiten fünf Wissenschaftler – drei Physiker, ein Chemiker und ein Mineraloge sowie Laboranten.

Die Forschung wird ausgeweitet auf die Formen flüssiger Körper, das Grenzflächenverhalten von Kristallen, die Adsorption an flüssigen und festen Grenzflächen und auf die Entwicklung von Methoden zur Messung von Grenzflächenspannungen und Randwinkeln.

Dokument 7
Titelseiten und Cover einiger Veröffentlichungen von Wolf als Autor oder Mitherausgeber

Abb. A.16.–A.20. (von oben links) Titelblatt aus dem zweiten Teil von *Praktische Einführung in die physikalische Chemie* (Wolf, Trieschmann 1938); Titelblatt aus *Versuche zur Physik und Chemie der Grenzflächen* (Wolf, Wolff 1950); Cover von *Das Urbild des elementaren Atoms* (Wolf 1950 b); Titelblatt aus *Symmetrie* (Wolf, Wolff 1956); Cover von *Tropfen, Blasen und Lamellen* (Wolf 1968).

8.3 Quellen und Literatur

Zitierte Quellen

DFG: GEPRIS historisch. Forschungsförderung von 1920 bis 1945:

- *Allgemeine Suche.*
  <https://gepris-historisch.dfg.de/search>.
- Bonhoeffer, Karl-Friedrich: *Untersuchungen von Leuchtstofflampen.* **1944** bewilligt.
  <https://gepris-historisch.dfg.de/fall/104114>.
- Telschow, Ernst: *Untersuchungen auf dem Gebiet der Mineralöle und Treibstoffe.* **1937** abgelehnt.
  <https://gepris-historisch.dfg.de/fall/148565>.
- Wolf, Karl Lothar (Person).
  <https://gepris-historisch.dfg.de/person/5113806>.
- Wolf, Karl Lothar: *Untersuchungen über physikalische Eigenschaften der Kohlenwasserstoffe, Schmierwirkung und chemische Konstitution.* **1937** bewilligt.
  <https://gepris-historisch.dfg.de/fall/115204>.
- Wolf, Karl Lothar: *Ausdehnung laufender Versuche über die mechanischen Eigenschaften von Grenzflächen auf die Frage des Leimens und Klebens, insbesondere von Kunststoffen.* **1944** bewilligt.
  <https://gepris-historisch.dfg.de/fall/148555>.
- Ziegler, Karl: *Thema unklar.* **1944** bewilligt.
  <https://gepris-historisch.dfg.de/fall/149978>.

Persönliche Gespräche des Autors (1963 – 1978):

- Metzger, Gisela; Sackmann, Horst: Überlieferte Erinnerungen.

UAHW:

- *Gotthilft von Studnitz:* UAHW, Rep. 6, Nr. 2750, Schreiben des v. Studnitz an das RM WKV, 8.9.1938, np.
- *Robert Wolff:* UAHW, Rep. 47, Matrikelschein Robert Wolff.

UAHW Personalakten:

- *Carl Tubandt:* UAHW, Rep. 11, PA 16155.
- *Günther Schmid:* UAHW, Rep. 11, PA 12164.
- *Heinz Dunken:* UAHW, Rep. 11, PA 5589 und Rep. 6, Nr. 1407.
- *Helmut Harms:* UAHW, Rep. 11, Nr. 7288.
- *Julius Stenzel:* UAHW, Rep. 11, PA 14976.
- *Karl Lothar Wolf:* UAHW Rep. 11, PA 17240.
- *Wolfgang Freiherr von Buddenbrock-Hettersdorf:* UAHW, Rep. 11, PA 5031.

UAM:

- Rheinland-Pfalz, Ministerium für Unterricht und Kultus, Personalakte Dr. Lothar Wolf, Nr. 66.
- Personalakten des Dr. Lothar Wolf, Best. Nr. 64/1713.

Zitierte Literatur

175 Jahre Pharmazeutische Ausbildung in Halle (Saale) (Hrsg.: Andreas Langner). Martin-Luther-Universität Halle-Wittenberg, Halle (Saale), **2005**.

Arnold, Heinrich; Sackmann, Horst: Isomorphiebeziehungen zwischen kristallin-flüssigen Phasen 4. Mitteilung: Mischbarkeit in binären Systemen mit mehreren smektischen Phasen. *Z. Elektrochem., Ber. Bunsenges. Phys. Chem.* **1959**, *11*, 1171 – 1177. <https://doi.org/10.1002/bbpc.19590630925>.

Bechstedt, Martin: „Gestalthafte Atomlehre" – Zur „Deutschen Chemie" im NS-Staat. In *Naturwissenschaft, Technik und NS-Ideologie* (Hrsg.: Herbert Mehrtens und Stefan Richter). Suhrkamp, Frankfurt am Main, **1980**.

Bennewitz, K.: Rezension. *Angew. Chem.* **1941**, *54*, 179.

Bischoff, Edelbert: Über das Grenzflächenverhalten pulverförmiger Festkörper in Flüssigkeiten. *Kolloid-Z.* **1960**, *168*, 1, 8 – 23. <https://doi.org/10.1007/BF01513549>.

Bischoff, Edelbert: Sources of pollution of indoor air by mite-allergen-containing house dust. *Environment Intern.* **1989**, *15*, 1 – 6, 181 – 192. <https://doi.org/10.1016/0160-4120(89)90025-1>.

Deichmann, Ute: *Flüchten, Mitmachen, Vergessen. Chemiker und Biochemiker in der NS-Zeit.* Wiley-VCH, Weinheim, **2001**.

——: Chemiker und Biochemiker in der NS-Zeit. *Angew. Chem.* **2002**, *114*, 1364 – 1383. <https://doi.org/10.1002/1521-3757(20020415)114:8%3C1364::AID-ANGE1364%3E3.0.CO;2-V>; <https://www.researchgate.net/publication/27272483_Chemiker_und_Biochemiker_in_der_NS-Zeit>.

Deutsche Versuchsanstalt für Luftfahrt e. V., Institut für Betriebsstofforschung Berlin-Adlershof. Bericht über die Schmierstoff-Tagung, 11., 12.12.**1941**. Archiv des Deutschen Museums München, ZWB Bestand.

Doermer, L.; Gerlach, Walther; G. Korff; Bandow, Fritz: Hans Matthee / Heinrich Matthias Konen / Franz Weidert / August Becker 70 Jahre. *Phys. Bl.* **1949**, *5*, 5, 226 – 228. <https://doi.org/10.1002/phbl.19490050506>.

Dunken, Heinz: Über die stöchiometrische Assoziation von Dipolmolekülen in Lösungen. Z. Phys. Chem., *Abt. B* **1940**, 45, S. 201-215. [**a**]
<https://doi.org/10.1515/zpch-1940-4517>.

——: Über die Grenzflächenspannung von Lösungen gegen Quecksilber. *Z. Phys. Chem., Abt. B* **1940**, *47*, 195 – 219. [**b**]
<https://doi.org/10.1515/zpch-1940-4710>.

Dunken, Heinz; Klapproth, Heinz; Wolf, Karl Lothar: Über Oberflächenarbeit und Verdampfungswärme. Ein Beitrag zur Morphologie der Flüssigkeiten. *Kolloid-Z.* **1940**, *91*, 3, 232 – 243.
<https://doi.org/10.1007/bf01503216>.

Dunken, Heinz; Fredenhagen, IIse; Wolf, Karl Lothar: Übermolekülbildung in Grenzflächen. *Kolloid-Z.* **1941**, *95*, 2, 186 – 188. [**a**]
<https://doi.org/10.1007/bf01521458>.

Dunken, Heinz: *Über den Ordnungszustand der Moleküle in Grenzflächen, insbesondere an metallischen Grenzflächen.* In: Deutsche Versuchsanstalt für Luftfahrt **1941**, 43 – 58. [**b**]

Dunken, Heinz; Judenberg, F.; Wolf, Karl Lothar: Orientierungspolarisation und Übermolekülbildung. *Z. Phys. Chem.* **1941**, *49*, 186 – 188.

Dunken, Heinz: *Über die Adsorption gelöster Dipolmoleküle an festen Metallen. Technische Berichte. Jahrbuch 1942 der deutschen Luftfahrtforschung, Band 10* (Hrsg.: Zentrale für wissenschaftliches Berichtswesen der Luftfahrtforschung des Generalluftzeugmeisters). Berlin-Adlershof, **1942**, 65-70. Archiv des Deutschen Museums München, ZWB Bestand.

Eggert, John: *Lehrbuch der Physikalischen Chemie, 4. Aufl.* S. Hirzel, Leipzig, **1937**.

Erdmann, Karl Dietrich: Wissenschaft im Ditten Reich. Vortrag anlässlich der 300-Jahr-Feier der Universität gehalten am 3. Juni 1965. *Veröffentlichungen der Schleswig-Holsteinischen Universitäts-Gesellschaft Kiel* **1967**, Nr. 45, 1 – 13.
<https://uni-kiel.de/ns-zeit/sonstiges/erdmann.shtml (Web-Archive)>.

Eucken, Arnold: *Lehrbuch der chemischen Physik, 2. Aufl.* Geest & Portig, Leipzig, **1938**.

Flachowsky, Sören: Das Reichsamt für Wirtschaftsausbau als Forschungsbehörde im NS-System. Überlegungen zur neuen Staatlichkeit im Nationalsozialismus. *Technikgeschichte* **2015**, *82*, 3, 185 – 224.
<https://doi.org/10.5771/0040-117X-2015-3-185>.

Fraunhofer IGB: *60 Jahre Forschung an Grenzflächen. 60 Jahre Fraunhofer IGB.* Fraunhofer IGB, Stuttgart, **2013**. [**a**]
<https://www.igb.fraunhofer.de/de/ueber-uns/institutsprofil/historie.html>.

Fuchs, O.; Wolf, Karl Lothar: Tabelle aller bisher gemessenen Dipolmomente. In *Hand- und Jahrbuch der chemischen Physik, Band 6.* Akademische Verlagsgesellschaft, Leipzig, **1935**.

Gahl, Brita: *Die Entwicklung der Pharmazie an der Universität Halle zwischen 1838 und 1938. Ein Beitrag zu ihrer Institutionalisierung als pharmazeutisches Hochschulfach.* Dissertation, Fakultät für Naturwissenschaften, Martin-Luther-Universität Halle-Wittenberg, Halle, **1991**.

Gattermann, Rolf; Neumann, Volker: *Geschichte der Zoologie und der zoologischen Sammlung an der Martin-Luther-Universität Halle-Wittenberg von 1769 bis 1990.* Hirzel, Stuttgart, Leipzig, **2005**.

Gauditz, Ilse Lore; Ramsauer, Rembert: Vom Einfluß organischer Stoffe und organischer Zweistoffgemische auf die Grenzflächenreibung. *Kolloid-Z.* **1944**, *109*, 123 – 136.
<https://doi.org/10.1007/bf01502604>.

Goethe als Seher und Erforscher der Natur. Untersuchungen über Goethes Stellung zu den Problemen der Natur. Herausgegeben im Namen der Kaiserlich Leopoldinischen Deutschen Akademie der Naturforscher zu Halle von Johannes Walther. Poeschel & Trepte, Leipzig, **1930**.

Goethe, Johann Wolfgang von: *Die Schriften zur Naturwissenschaft.* Im Auftrag der Deutschen Akademie der Naturforscher Leopoldina, begr. von K. L. Wolf und W. Troll. Hermann Böhlaus, Weimar, Abt. 1, Bd. 1 (**1947**) – Abt. 3, Bd. 2 (**2019**).

Goethes Werke. Herausgegeben im Auftrage der Großherzogin Sophie von Sachsen. Hermann Böhlau, Weimar, **1887 – 1919**.

Hapke, Thomas: *Die Zeitschrift für physikalische Chemie. 100 Jahre Wechselwirkung zwischen Fachwissenschaft, Kommunikationsmedium und Gesellschaft.* Traugott Bautz, Herzberg, **1990**.
<https://doi.org/10.15480/882.371>.

Harms, Helmut: Dichte und Molekularpolarisation von Menthol und Borneol. *Z. Phys. Chem., Abt. B* **1935**, *30*, 440 – 442.
<https://doi.org/10.1515/zpch-1935-3029>.

——: *Orientierungspolarisation und Raumbeanspruchung von Flüssigkeitsgemischen.* Dissertation, Universität Würzburg, **1937**.

Harms, Helmut; Rössler, H.; Wolf, Karl Lothar: Über innere Reibung und innere Schmierung. *Z. Phys. Chem., Abt. B* **1938**, *41*, 321 – 364.

Harms, Helmut: Über hochverdünnte Flüssigkeitsgemische. *Z. Phys. Chem., Abt. B* **1940**, *46*, 1, 82 – 104.
<https://doi.org/10.1515/zpch-1940-4606>.

——: *Über den Ordnungszustand der Moleküle in Flüssigkeiten und deren mechanische Eigenschaften.* In: Deutsche Versuchsanstalt für Luftfahrt **1941**, 23 – 41.

——: *Erinnerungen. Ein gelungenes Experiment.* Jubiläumsschrift der FH Wedel und PTL Wedel, **1998**.

——: *Die Dichte flüssiger und fester Stoffe.* Vieweg+Teubner, Wiesbaden, **1941**.

Hartmann, Lutz.; Bauer, Monika.; Kuschel, Frank: Water Droplet Templating of Display Related Substrate Surfaces. *Proc. 3rd Internat. Conf. Thermosets* **2013**, Berlin, 202 – 203.

Hattemer, G. F.: Abschied von Dr. Robert Wolff. In *Heimatjahrbuch Landkreis Mainz-Bingen*. Gebhardt & Hilden, Idar-Oberstein, **1966**, 179.

Hauser, Kaspar (Kurt Tucholsky): Der Mensch. Ein Schulaufsatz. *Weltbühne* **1931**, *27*, 24, 889 – 890. <https://archive.org/details/DieWeltbhne27-11931>.

Herzfeld, Karl Friedrich; Wolf, Karl Lothar: Prüfung der klassischen Dispersionsformel an einatomigen Gasen und Dämpfen. *Ann. Physik* **1925**, *381*, 71 – 105. **[a]**

——: Die Dispersion von Kaliumchlorid und Natriumchlorid. *Ann. Physik* **1925**, *78*, 35 – 56. **[b]**

Hintzsche, Ekkehard: Goethes psychochemisches Gleichnis, *Nachr. Chem.* **2024**, *72*, 9, 27 – 30.

Hippel, Ernst von: *Rechtsgesetz und Naturgesetz, 2. Aufl.* Neomarius Verlag, Tübingen, **1949**.

Hückel, Walter: *Theoretische Grundlagen der Organischen Chemie, Band 2.* Akademische Verlagsgesellschaft Becker & Erler, Leipzig, **1943**. <https://archive.org/details/theoretischegrunoooovonw>.

Jaenicke, Walther: *100 Jahre Bunsen-Gesellschaft 1894 – 1994.* Steinkopff, Darmstadt, **1994**.

Jost, Wilhelm: Rezension. *Angew. Chem.* **1951**, *63*, 5, 131. <https://doi.org/10.1002/ange.19510630514>.

Klausnitzer, Ralf: Fallstudien als Instrument der interdisziplinären Wissenschaftsforschung. Am Beispiel der disziplinübergreifenden Rezeption des „Gestalt"-Konzepts in den 1930er/1940er Jahren. In *Literaturwissenschaft und Wissenschaftsforschung* (Hrsg.: Jörg Schönert). (Germanistische Symposien-Berichtsbände, Band 21). Metzler, Stuttgart, Weimar, **2000**, 209 – 256.

Klee, Ernst: *Das Personenlexikon zum Dritten Reich – Wer war was vor und nach 1945.* Nikol, Hamburg, **2016**.

Kleinert, Andreas: Dorothea Kuhn zum 80. Geburtstag. *Nachrichtenblatt der deutschen Gesellschaft für Geschichte der Medizin, Naturwissenschaft und Technik* **2003**, *53*, 139 – 141.

Klemperer, Victor: *LTI, Notizbuch eines Philologen.* Aufbau-Verlag, Berlin, **1947**. [Auch: Reclams Universal-Bibliothek, Band 278. Reclam, Leipzig, 1966 und zahlr. weitere Ausgaben.] <https://archive.org/details/ltinotizbucheineoooklem>.

Kolk, Rainer: *Literarische Gruppenbildung. Am Beispiel des George-Kreises 1890 – 1945.* (Communicatio, Band 17.). Max Niemeyer, Tübingen, **1998**. <https://doi.org/10.1515/9783110916317>.

Kortüm, G.: Rezension. *Angew. Chem.* **1941**, *54*, 542.
<https://doi.org/10.1002/ange.19410545110>.

Koschel, Klaus: Die Entwicklung und Differenzierung des Faches Chemie an der Universität Würzburg. In *Vierhundert Jahre Universität Würzburg: Eine Festschrift* (Hrsg.: Peter Baumgart). Degener, Neustadt an der Aisch, **1982**, 703 – 749.

Kuhn, Dorothea: *Goethe. Die Schriften zur Naturwissenschaft. Einführung in die Gesamtausgabe* II 1A. **2011**, VII – XXII.

Kuhn, Werner: *Physikalische Chemie*. Quelle & Meyer, Leipzig, **1938**.

Kuschel, Frank; Hartmann, Lutz; Bauer, Monika; Weissflog, Wolfgang: Chiral Induction in Liquid Crystals with Dopants Derived from 1-Phenyl-2-Aminoalcohols. *Mol. Cryst. Liq. Cryst.* **2013**, *588*, 1, 51 – 60.
<https://doi.org/10.1080/15421406.2013.827837>.

Kuschel, Frank: *Mühlpforte Nr. 1 und die Physikalische Chemie an der Universität Halle*. GNT-Verlag, Diepholz, Berlin, **2017**.
<https://www.gnt-verlag.de/1108>.

——: Der Physikochemiker Carl Tubandt und die Feststoffbatterien. *Nachr. Chem.* **2019**, *67*, 18 – 20.
<https://doi.org/10.1002/nadc.20194092212>.

——: *Die Experimentalchemie und ihre Protagonisten an der Universität Halle*. GNT-Verlag, Berlin, **2022**.
<https://doi.org/10.47261/1535>.

Kwok, Daniel Y.; Neumann, August Wilhelm: Contact angle measurement and contact angle interpretation. *Adv. Colloid Interface Sci.* **1999**, *81*, 3, 167 – 249.
<https://doi.org/10.1016/S0001-8686(98)00087-6>.

Landolt-Börnstein: *Physikalisch-chemische Tabellen, 5. Aufl.* Julius Springer, Berlin, **1923 – 1936**.
<https://doi.org/10.1007/978-3-540-85251-3>.

Lautsch, Werner: Molekulare Lichtstreuung, Dielektrizitätskonstanten und Dispersion einiger organischer Verbindungen. *Z. Phys. Chem., Abt. B* **1928**, *1*, 1, 115 – 133.
<https://doi.org/10.1515/zpch-1928-0110>.

Li, Dongqing Qing; Neumann, August Wilhelm: Equation of state for interfacial tensions of solid-liquid systems. *Adv. Colloid Interface Sci.* **1992**, *39*, 299 – 345.
<https://doi.org/10.1016/0001-8686(92)80064-5>.

Maier, Helmut: *Chemiker im „Dritten Reich“. Die Deutsche Chemische Gesellschaft und der Verein Deutscher Chemiker im NS-Herrschaftsapparat*. Wiley-VCH, Weinheim, **2015**.

Maisch, E.; Sell, Peter Jürgen; Siekmann, J.: Über den Anstieg von Flüssigkeiten in vertikalen makroskopischen Modellrohren unter Weltraumbedingungen. *Ing.-Arch.* **1986**, *56*, 4, 281 – 294.
<https://doi.org/10.1007/BF00542479>.

Mish, Carsten: „Führer der Universität". Die Kieler Rektoren in der NS-Zeit. In *Wissenschaft an der Grenze. Die Universität Kiel im Nationalsozialismus* (hrsg. von Christoph Cornelissen und Carsten Mish). Klartext, Essen, **2009**, 33 – 55.

Mommsen, Wolfgang J.: *Bürgerliche Kultur und politische Ordnung. Künstler, Schriftsteller und Intellektuelle in der deutschen Geschichte 1830 – 1933*. Fischer, Frankfurt am Main, **2002**.

Müller, Irmgard: Goethes Farbenlehre und Morphologie in den Naturwissenschaften des 20. Jahrhunderts. In *Goethe-Jahrbuch 1999, 116* (Hrsg.: W. Keller). Hermann Böhlaus Nachf., Weimar, Stuttgart, **2000**, 234 – 244.
<https://doi.org/10.1007/978-3-476-02710-8_20>.

Mulligan, Joseph F.: Karl Ferdinand Herzfeld February 24, 1892 – June 3, 1978. In *Biographical Memoirs, vol. 80* (ed: National Academies of Sciences of the United States of America.) National Academy Press, Washington, DC, USA, **2001**, 161 – 182.
<https://doi.org/10.17226/10269>.

Nagel, Günter: *Wissenschaft für den Krieg. Die geheimen Arbeiten der Abteilung Forschung des Heereswaffenamtes*. Steiner, Stuttgart, **2012**.

Neumann, Friedrich: *Deutsche Dichtung und deutsche Wirklichkeit. Rektoratsrede, gehalten bei der Jahresfeier der Georg August-Universität zu Göttingen am 21. Juni 1933*. (Göttinger Akademische Reden, Band 1.) Verlag des Universitätsbundes Göttingen, **1933**.
<http://www.historische-kommission-muenchen-editionen.de/rektoratsreden/pdf/G%C3%B6ttingen_1933_Neumann_dt._Dichtung_dt._Wirklichkeit.pdf>.

Nickel, Gisela: *Wilhelm Troll (1897 – 1978) – Eine Biographie*. Acta Historica Leopoldina, Halle, **1996**.

Pelzl, Gerhard; Tamba, Maria G.; Findeisen-Tandel, Sonja; Schröder, Martin W.; Baumeister, Ute; Diele, Siegmar; Weissflog, Wolfgang: New bent-core mesogens with carbon-carbon multiple linkages in the terminal chains. *J. Mater. Chem.* **2008**, *18*, 25, 3017-3031.
<https://doi.org/10.1039/B803493A>.

Ramsauer, Rembert: Über die Streuung von Röntgenstrahlen an gasförmigen Alkoholen und die Grenzen der Anwendung des Verfahrens bei leichten Molekülen. *Z. Phys. Chem.* **1937**, *35*, 139 – 162.
<https://doi.org/10.1515/zpch-1937-3512>.

Rasch, Manfred: *Geschichte des Kaiser-Wilhelm-Instituts für Kohlenforschung 1913 – 1943*. VCH, Weinheim, **1989**.

Remane, Horst: Conrad Weygand und die „Deutsche Chemie". In *Medizin, Naturwissenschaft, Technik und Nationalsozialismus. Kontinuitäten und Diskontinuitäten* (Hrsg.: Christoph Meinel und Peter Voswinckel). GNT-Verlag, Stuttgart, **1994**, 183 – 191.

Research.com: *A. W. Neumann, University of Toronto, Canada.* Best Scientists - Materials Science. Stand: 11.11.**2024**.
<https://research.com/u/aw-neumann>.

Ruthenberg, Klaus: *Chemiephilosophie.* Walter de Gruyter, Berlin, **2022**.
<https://doi.org/10.1515/9783110740493>.

Sackmann, Horst; Sauerwald, Franz: Über die Volumenänderung beim Schmelzen organischer Stoffe, insbeondere in homologen Reihen. *Z. Phys. Chem.* **1950**, *195*, 295 – 312.

——: Das Raumproblem bei Tetrahalogeniden der IV. Gruppe. *Z. Phys. Chem.* **1958**, *208 O*, 1, 235 – 248.
<https://doi.org/10.1515/zpch-1957-20822>.

Scheibe, G.: Rezension. *Z. Elektrochem.* **1942**, *48*, 718.

Schmid, Günther: *Goethe und die Naturwissenschaften. Eine Bibliographie.* Herausgegeben im Namen der Kaiserlich Leopoldinisch-Carolinisch Deutschen Akademie der Naturforscher von Emil Abderhalden. Halle, **1940**.

Schmidt, Albrecht: *Die industrielle Chemie in ihrer Bedeutung im Weltbild und Erinnerungen an ihren Aufbau. Nach 25 Vorlesungen an der Johann Wolfgang Goethe-Universität Frankfurt a. M.* De Gruyter, Berlin, **1934**.

Schwedt, Georg: Goethe als Chemiker. Springer-Verlag, Berlin, Heidelberg, **1998**.

Sell, Peter Jürgen; Neumann, August Wilhelm: Die Temperaturabhängigkeit der Oberflächenspannung von Cholesterylstearat. *Kolloid-Z. u. Z. Polymere* **1958**, *222*, 160 – 161.
<https://doi.org/10.1007/BF01510801>.

Simonis, Annette: *Gestalttheorie von Goethe bis Benjamin. Diskursgeschichte einer deutschen Denkfigur.* Böhlau, Köln, Weimar, Wien, **2001**.

Staab, Heinz A.: *Einführung in die theoretische organische Chemie.* Verlag Chemie, Weinheim, **1959**.

Steiner, Rudolf: *Goethes Weltanschauung.* Taschenbuchausgabe. Rudolf Steiner, Dornach, Schweiz, **1979**.

——: *Goethes Werke. Naturwissenschaftliche Schriften.* **1883 – 1897**.
Band 1: W. Spemann, Berlin, 1883.
Band 2: W. Spemann, Stuttgart, 1890.
Band 3: Union Deutsche Verlagsgesellschaft, Stuttgart, 1890.
Band 4/1: Union Deutsche Verlagsgesellschaft, Stuttgart, 1891.
Band 4/2: Union Deutsche Verlagsgesellschaft, Stuttgart, 1897.

Steinheimer, Frank: *Zentralmagazin Naturwissenschaftlicher Sammlungen (ZNS).* Universität Halle-Wittenberg, Halle. Stand: 5.6.**2024**.
<https://www.naturkundemuseum.uni-halle.de/>.

Taschenberg, Otto: *Geschichte der Zoologie und der Zoologischen Sammlungen an der Universität Halle 1694 – 1894.* In: Abhandlungen der Naturforschenden Gesellschaft zu Halle, Band 20. Max Niemeyer, Halle, **1894**, 1 – 176.

Tavana, Hossein; Neumann, August Wilhelm: Recent progress in the determination of solid surface tensions from contact angles. *Adv. Colloid Interface Sci.* **2007**, *132*, 1, 1 – 32.
<https://doi.org/10.1016/j.cis.2006.11.024>.

Tomaschek, Rudolf: Rezension. *Z. ges. Naturwiss.* **1942**, *8*, 93 – 95.

Trieschmann, Hans-Georg: *Über Sublimationswärmen organischer Moleküle*. Dissertation, Universität Kiel, **1935**.

Troll, Wilhelm; Wolf, Karl Lothar: *Goethes morphologischer Auftrag, 3. Aufl.* Neomarius Verlag, Tübingen, **1950**.

Tucholsky, Kurt: *Das Lächeln der Mona Lisa*. Rowohlt, Berlin, **1929**.

Vonderau, Markus: *„Deutsche Chemie". Der Versuch einer deutschartigen, ganzheitlich-gestalthaft schauenden Naturwissenschaft während der Zeit des Nationalsozialismus*. Dissertation, Universität Marburg / Lahn, **1994**.

Wolf, Karl Lothar: *Prüfung der klassischen Dispersionsformel*. Dissertation, Philosophische Fakultät der Ludwig-Maximilian-Universität München, **1926**.

——: Die Gestalt der Kohlensäuremolekel. *Z. Phys. Chem.* **1927**, *131U*, 1, 90 – 96.
<https://doi.org/10.1515/zpch-1927-13108>.

Wolf, Karl Lothar; Briegleb, Günther; Stuart, Herbert Arthur: Kerr-Effekt, Lichtstreuung und Molekülstruktur. *Z. Phys. Chem., Abt. B* **1929**, *6*, 163 – 209.
<https://doi.org/10.1515/zpch-1929-0619>.

Wolf, Karl Lothar; Petersen, Carl: *Die Stellung der Natur- und Geisteswissenschaften in der neuen Universität und die Aufgabe ihrer Fachschaften*. Vortrag gehalten vor der naturwissenschaftlichen und geisteswissenschaftlichen Fachschaft der Universität Kiel. Karl Wachholtz, Neumünster, **1933**.

Wolf, Karl Lothar; Ramsauer, Rembert: Die Atomistik des Daniel Sennert: *Z. ges. Naturwiss.* **1935**, *1*, 357 – 360. **[a]**

——: Zur Geschichte der Naturanschauung in Deutschland I. *Z. ges. Naturwiss.* **1935**, *1*, 129 – 149. **[b]**

——: Daniel Sennert und seine Atomlehre. Zur Geschichte der Naturanschauung in Deutschland II. *Z. ges. Naturwiss.* **1935**, *1*, 357 – 380. **[c]**

——: Johann Joachim Becher / Leben und Gestalt. Zur Geschichte der Naturanschauung in Deutschland III. *Z. ges. Naturwiss.* **1935**, *1*, 494 – 511. **[d]**

Wolf, Karl Lothar; Frahm, H.; Harms, Helmut: Über den Ordnungszustand der Moleküle in Flüssigkeiten. *Z. Phys. Chem., Abt. B* **1937**, *36*, 4, 237 – 287.
<https://doi.org/10.1515/zpch-1937-3618>.

Wolf, Karl Lothar; Trieschmann, Hans-Georg: *Praktische Einführung in die physikalische Chemie*. F. Vieweg & Sohn, Braunschweig, **1937 – 1938**:
- Erster Teil: Moleküle und Kräfte. 1937 (114 Seiten).
- Zweiter Teil: Die chemische Reaktion. 1938 (172 Seiten).

Wolf, Lothar; Troll, Wilhelm: Goethes Morphologischer Auftrag. Versuch einer naturwissenschaftlichen Morphologie. In *Die Gestalt. Abhandlungen zu einer*

allgemeinen Morphologie, Heft 1. (Hrsg.: Wilhelm Pinder, Wilhelm Troll und Lothar Wolf). Akademische Verlagsgesellschaft Becker & Erler, Leipzig.
- Erste Auflage, **1940**.
- Zweite, durchgesehene Auflage, **1942**.

Wolf, Karl Lothar: *Theoretische Chemie. Eine Einführung vom Standpunkt einer gestalthaften Atomlehre.* Teil 1: Das Atom (1941). Teil 2: Das Molekül (1942). Teil 3: Das gebundene Molekül (1943). Johann Ambrosius Barth, Leipzig, **1941 – 1943**.

——: Zur Morphologie der Flüssigkeiten. *Die Chemie* **1944**, *57*, 5/8, 44 – 51. <https://doi.org/10.1002/ange.19440570507>.

Wolf, Karl Lothar: Wolff, Robert: Übermolekeln. *Angew. Chem.* **1949**, *61*, 5, 191 – 201. <https://doi.org/10.1002/ange.19490610510>.

Wolf, Karl Lothar; Metzger, Gisela: Übermolekül-Bildung und Übermolekül-Gleichgewichte. *Justus Liebigs Ann. Chem.* **1949**, *563*, 1, 157 – 176. <https://doi.org/10.1002/jlac.19495630117>.

Wolf, Karl Lothar: *Hölderlin. Briefe zur Erziehung.* Simons-Verlag, Marburg, **1950**. [**a**]

——: *Das Urbild des elementaren Atoms.* Metzler, Stuttgart, **1950**. [**b**]

——: *Über Natur und Naturbetrachtung. Aus Goethes Schriften ausgewählt und mit erläuternden Ergänzungen versehen.* R. Wunderlich Verlag Hermann Leins, Tübingen, Stuttgart, **1950**. [**c**]

Wolf, Karl Lothar; Wolff, Robert: *Versuche zur Physik und Chemie der Grenzflächen mit einem Abriß ihrer Theorie und einem Exkurs über die Natur der zwischenmolekularen Kräfte.* Simons, Marburg/Lahn, **1950**.

Wolf, Karl Lothar; Kuhn, Dorothea: Zur Erscheinung und Theorie der Sedimentvolumina von Pulvern in Flüssigkeiten. *Angew. Chem.* **1951**, *63*, 12, 277 – 280. <https://doi.org/10.1002/ange.19510631202>.

Wolf, Karl Lothar: *Gestalt und Symmetrie. Eine Systematik der symmetrischen Körper.* Max Niemeyer. Tübingen, **1952**.

——: *Theoretische Chemie. 3., umgearbeitete Auflage.* Johann Ambrosius Barth, Leipzig, **1954**. [1. Aufl.: Wolf 1941 – 1943].

Wolf, Karl Lothar; Wolff, Robert: *Symmetrie. Versuch einer Anweisung zu gestalthaftem Sehen, systematisch dargestellt und an zahlreichen Beispielen erläutert. Textband.* Mit zusätzlichem Tafelband. Böhlau, Münster, Köln, **1956**.

Wolf, Karl Lothar: *Physik und Chemie der Grenzflächen. 1. Band: Die Phänomene im Allgemeinen.* Springer, Berlin, Göttingen, Heidelberg, **1957**.

Wolf, Karl Lothar: Sell, Peter Jürgen: Über ein experimentelles Verfahren, die Symmetrie von Molekülen per analogiam zu bestimmen. *Justus Liebigs Ann. Chem.* **1958**, *618*, 1, 1 – 17. <https://doi.org/10.1002/jlac.19586180102>.

Wolf, Karl Lothar: *Physik und Chemie der Grenzflächen. 2. Band: Die Phänomene im Besonderen.* Springer, Berlin, Göttingen, Heidelberg, **1959**.

——: *Neuanfang nach dem 2. Weltkrieg. Rückblick 1945 – 1954.* Festschrift des Staatlichen Nordpfalzgymnasiums Kirchheimbolanden, **1965**.

——: *Institut für Physik und Chemie der Grenzflächen.* (Fraunhofer-Gesellschaft), Marienthal/Nordpfalz. Achema-Jahrbuch **1965/1967**, 490 – 492.

——: *Tropfen, Blasen und Lamellen oder Von den Formen flüssiger Körper.* (Verständliche Wissenschaft, Band 97). Springer, Berlin, Heidelberg, New York, **1968**. <https://doi.org/10.1007/978-3-662-00926-0>.

——: *Institut für Physik und Chemie der Grenzflächen.* Gemeinnütziges Forschungsinstitut der Fraunhofer-Gesellschaft, Stuttgart. Achema-Jahrbuch **1968/1970**, 559 – 561.

Wolff, Robert: Zur physikalischen Chemie der Assoziations- und Aggregationserscheinungen. *Angew. Chem.* **1955**, *67*, 3, 89 – 107. <https://doi.org/10.1002/ange.19550670302>.

——: Über die Geschwindigkeit der Sedimentation von Pulvern in Flüssigkeiten. *Kolloid-Z.* **1957**, *150*, 71 – 80. <https://doi.org/10.1007/BF01503050>.

——: *Physikalische Chemie. Eine Einführung für Lehrer und Studierende.* Dümmler, Bonn, **1966**.

——: *Prof. Dr. Karl Lothar Wolf. Mitschöpfer des Nordpfalzgymnasiums.* Festschrift des Staatlichen Nordpfalzgymnasiums Kichheimbolanden, **1975**.

Zitierte Weblinks

Arnold, Heinrich: *Zwei Kulturen im Disput über das Goethebild moderner Naturwissenschaftler.* **2007**. <https://www.db-thueringen.de/receive/dbt_mods_00009690>.

Beneke, Klaus: *Zur Geschichte der Universität Kiel und des Instituts für Anorganische Chemie. Teil I.* Kap. 3.1: Das Chemische Institut. Kiel, **o. J.** <https://www.uni-kiel.de/anorg/lagaly/group/klauskolgesch/d_klaus.htm#31>.

Catalogus Professorum Halensis (Hrsg.: Universitätsarchiv Halle-Wittenberg):

- *Helmut Harms.* (Von Henrik Eberle, Stand: 8.8.2024). <https://www.catalogus-professorum-halensis.de/harmshelmut.html>.
- *Karl Lothar Wolf.* (Von Henrik Eberle, Stand: 8.8.2024). <https://www.catalogus-professorum-halensis.de/wolfkarllothar.html>.

Christian-Albrechts-Universität zu Kiel: *Vertriebene Gelehrte.* <https://www.uni-kiel.de/de/universitaet/profil/geschichte-der-universitaet/ns-aufarbeitung/vertriebene-gelehrte>.

Fraunhofer IGB: *60 Jahre Forschung an Grenzflächen – Fraunhofer IGB feiert Jubiläum.* Presseinformation vom 24. September **2013**. [**b**]

<https://www.igb.fraunhofer.de/de/presse-medien/presseinformationen/2013/60-jahre-igb.html>.

InfoWissWiki: *Gestalttheorie*. Stand: 10.8.**2010**.
<https://wiki.informationswissenschaft.org/index.php?title=Gestalttheorie&oldid=16387>.

Kieler Gelehrtenverzeichnis:

- *Carl Wesle*
  <https://cau.gelehrtenverzeichnis.de/17898c38-1ea4-e1a1-fda1-4d4c604dc2b7>.
- *Karl Lothar Wolf*
  <https://cau.gelehrtenverzeichnis.de/c99ff4e4-ba98-292a-5658-4d4c6094b311>.
- *Richard Jacob Kroner*
  <https://cau.gelehrtenverzeichnis.de/67410ed9-6297-9f69-8007-4dd556ff1908>.

Welcher, Karsten: *Trolls Vermächtnis. Botanischer Garten der JGU*. Stand: 11.11.**2024**.
<https://www.ub.uni-mainz.de/de/magazin/trolls-vermaechtnis>.

Wikimedia Foundation Inc., San Francisco, USA:

- *August Skalweit*
  <https://de.wikipedia.org/w/index.php?title=August_Skalweit&oldid=248571212>.
- *Christian-Albrechts-Universität zu Kiel*
  <https://de.wikipedia.org/w/index.php?title=Christian-Albrechts-Universit%C3%A4t_zu_Kiel&oldid=249404496#Fakult%C3%A4ten>.
- *Gestalt*
  <https://de.wikipedia.org/w/index.php?title=Gestalt&oldid=247347974>.
- *Hans G. Grimm*
  <https://de.wikipedia.org/w/index.php?title=Hans_G._Grimm&oldid=180020175>.
- *Kurt Hildebrandt*
  <https://de.wikipedia.org/w/index.php?title=Kurt_Hildebrandt&oldid=249404604>.
- *Martin Heidegger*
  <https://de.wikipedia.org/w/index.php?title=Martin_Heidegger&oldid=249994021>.
- *Martin Heidegger und der Nationalsozialismus*
  <https://de.wikipedia.org/w/index.php?title=Martin_Heidegger_und_der_Nationalsozialismus&oldid=249281145>.
- *Wolf Bodenheimer*
  <https://de.wikipedia.org/w/index.php?title=Wolf_Bodenheimer&oldid=204923322>.

8.4 Abkürzungsverzeichnis

AiF	Arbeitsgemeinschaft Industrieller Forschungsvereinigungen Otto von Guericke e. V.
DFG	Deutsche Forschungsgemeinschaft <https://www.dfg.de/>
DMG	Deutsche Morgenländische Gesellschaft
FH	Fachhochschule
IGB	Fraunhofer-Instituts für Grenzflächen- und Bioverfahrenstechnik, Stuttgart
LA	Archiv der Nationalen Akademie der Wissenschaften Leopoldina
LB	Bibliothek der Nationalen Akademie der Wissenschaften Leopoldina
IGf	Institut für Grenzflächenforschung Marienthal
MPI	Max-Planck-Institut
REM	„Reichserziehungsministerium“: Reichsministerium für Wissenschaft, Erziehung und Volksbildung
RWA	Reichsamt für Wirtschaftsausbau
UAHW	Universitätsarchiv Halle-Wittenberg <https://www.archiv.uni-halle.de/>
UAM	Universitätsbibliothek Mainz, Archive und Sammlungen <https://www.ub.uni-mainz.de/de/universitaetsarchiv>
ULB	Universitäts- und Landesbibliothek Sachsen-Anhalt

8.5 Dank

Gisela Metzger, die 1989 verstorbene Schülerin Karl Lothar Wolfs, hatte mir auch die „Theoretische Chemie“ ihres Doktorvaters hinterlassen. Die lange aufgeschobene Lektüre dieses eigenwilligen Lehrbuches weckte mein Interesse, Aufklärung über den intellektuellen Habitus des umstrittenen Autors zu erlangen.

Auf Gisela Metzgers Grab werde ich einen großen Blumenstrauß niederlegen.

Ich habe ferner zu danken:

- meiner geduldigen Frau Jutta, meiner Tochter Christiane Knobloch für das Korrekturlesen und unserer ganzen Familie,
- der Verwaltung, den Bibliotheken und Archiven der Martin-Luther-Universität Halle-Wittenberg, den Archiven der Johannes Gutenberg-Universität Mainz und der Julius-Maximilians-Universität Würzburg,
- den Archiven der Leopoldina Nationale Akademie der Wissenschaften in Halle, des Max-Planck-Instituts für Kohlenforschung in Mülheim an der Ruhr sowie der Landeshauptstadt Kiel,
- Claudia Vorbeck, Fraunhofer-Institut für Grenzflächen- und Bioverfahrenstechnik in Stuttgart, für Hinweise auf die Institutsgründungen zur Grenzflächenforschung in Kirchheimbolanden, Marienthal und Stuttgart,
- Claus Schlosser, Nordpfalzgymnasium in Kirchheimbolanden, für die Überlassung eines 1975 erschienen Aufsatzes von R. Wolff über seinen Lehrer K. L. Wolf,
- Günter F. Hattemer (Budenheim) und Edgar Daudistel (Horrweiler) für die Vermittlung und Überlassung von Bildmaterial,
- Eike Harms (Fachhochschule Wedel) für Hinweise auf Veröffentlichungen seines Vaters Helmut Harms über dessen Wirken in Lübeck und Wedel nach dem Zweiten Weltkrieg,

– Klaus Beneke (Preetz) verwies mich auf seine umfangreichen Publikationen zur Geschichte der Chemie an der Christian-Albrechts-Universität Kiel,
– August Wilhelm Neumann (University of Toronto) für seine Rückblicke auf den in seinem Geburtsort Kirchheimbolanden und am IGf in Marienthal bei K. L. Wolf verbrachten Lebensabschnitt,
– Frank Steinheimer, Zentralmagazin Naturwissenschaftlicher Sammlungen der Martin-Luther-Universität Halle-Wittenberg, für Informationen über die Nutzungsgeschichte des alten Zoologischen Instituts,
– Dietrich Demus (Halle), der mir von seinen Erinnerungen an R. C. Mayrhofer berichtete,
– Wolfgang Weissflog (Halle), der mir polarisationsmikroskopische Bilder von ungewöhnlichen Flüssigkristalltexturen zur Verfügung stellte,
– Andreas Lonitz (Halle) für häufige computertechnische Hilfe,
– Ralf Hahn und Martin Barth (GNT-Verlag Berlin) für die angenehme und fruchtbare Zusammenarbeit.

8.6 Bildnachweis

Atelier Nils Groth, Tegernheim (Regensburg): Abb. 5.23.
August Wilhelm Neumann, Toronto: Abb. 6.4.
Deutsche Morgenländische Gesellschaft, ULB, Nr. 44: Abb. 5.22.
Edgar Daudistel, Horrweiler: Abb. 6.5.
FH Wedel, Eike Harms: Abb. 5.8.
Frank Kuschel: Abb. 5.16. – 5.18., 5.32. – 5.34.
Fraunhofer IGB, Stuttgart: Abb. 6.2., A.13. – A.15. und Backcover (Fraunhofer IGB 2013 a).
Lutz Hartmann et al. 2013: Abb. 5.21.
LA: Abb. 5.11., 5.12., A.5., A.6., A.8. – A.12.
LB: Abb. 5.19., 5.35. – 5.36.
MPI für Kohlenforschung, Mülheim an der Ruhr, FA-A005: Abb. 5.1., 5.2., 5.5., 5.6.
Safa Daneshvar: Abb. 5.24. (CC BY-SA 4.0).
Stadtarchiv Kiel: Abb. 3.1. (Johannes Rosenplänter).
UAHW: Abb. 5.9. (Rep. 40/I, D4).
——: Rep. 8: Abb. 5.14. (Bl. 280), 5.15. (Bl. 243).
——: Karl Lothar Wolf: Abb. 3.4., 5.4., 5.7., 5.10., A.1. – A.4.
UAM: Abb. 6.1., 6.3., A.7.
ULB: Abb. 3.2.
Universität Kiel: Abb. 3.3. (Klaus Beneke).
Walther Kuschel, Halle: Abb. 5.3.

Von einigen Bildern konnten die Rechteinhaber leider nicht ermittelt werden. Der Verlag bittet etwaige Rechteinhaber, sich bei ihm zu melden.

8.7 Über den Autor

Frank Kuschel, Jahrgang 1937, Dipl. Chemiker, war von 1961 bis 1992 an der Martin-Luther-Universität Halle-Wittenberg und zwischenzeitlich an der Bergakademie Freiberg tätig, zuletzt ab 1982 in Halle als ordentlicher Professor für Physikalische Chemie. In einem Unternehmen für Spezialchemikalien in Leuna und anschließend in der Fraunhofer-Gesellschaft (Berlin, Teltow) konnte er dann bis 2016 als Geschäftsführer, Mitarbeiter und Berater seine 1992 unterbrochenen Forschungsarbeiten über Flüssigkristallanwendungen fortsetzen.

Schwerpunkte der wissenschaftlichen Tätigkeit waren: Mischphasen-Thermodynamik (Nichtelektrolyt- bzw. Mineralsalzgleichgewichte), Elektrooptische Effekte von Flüssigkristallen, Flüssigkristall-Polymer-Composite, Chirale Induktion und Bistabile Displays. Seither ist er als Buch- und Essayautor tätig.

Im GNT-Verlag erschien von ihm „Mühlpforte Nr. 1 und die Physikalische Chemie an der Universität Halle“ (2017) sowie „Die Experimentalchemie und ihre Protagonisten an der Universität Halle“ (2022).

Schriftenverzeichnis und Lebenslauf sind mit weiterem Begleitmaterial zum Buch im Internet abrufbar: › <gnt-verlag.de/1147>.

Personen-
register

› <https://doi.org/10.47261/1576-A>

A

B

C

D

E

F

G

H

L

M

N

O

P

R

S

T

U

V

W

Z

Aus dem Verlagsprogramm

Frank Kuschel

Die Experimentalchemie und ihre Protagonisten an der Universität Halle

Hardcover, 170 Seiten, 57 Abb., 29,80 €

ISBN 978-3-86225-140-7

Die Chemiegeschichte in Halle zeigt eindrucksvoll das neuzeitliche Leitmotiv des verifizierbaren Experiments. Die alten Meister trugen ihre Inspirationen und Erkenntnisse aus der experimentellen Forschung stets an ihre Schüler weiter und standen damit für eine Entwicklung an der Universität Halle, die bereits früh der Alchemie, Medizin und Pharmazie entwachsen war und mit Persönlichkeiten wie Richard Felix Marchand, Heinrich Wilhelm Heintz und dem Liebig-Schüler Jacob Volhard einen einzigartigen Aufstieg erlebte. Diese Tradition setzte sich im 20. Jahrhundert mit Schwerpunkten wie Flüssigkristalle, Polymerisationskatalyse oder Stereochemie fort und wird anhand ihrer Protagonisten erzählt. Mit Linksammlung und Personenregister, auch als E-Book erhältlich.

Frank Kuschel

Mühlpforte Nr. 1 und die Physikalische Chemie an der Universität Halle – Die Geschichte eines universitären Refugiums.

Pb., 164 Seiten, 68 Abb., 19,80 €

ISBN 978-3-86225-108-7

Die Geschichte der Physikalischen Chemie an der Universität Halle konzentrierte sich bis 2009 auf einen einzigen Gebäudekomplex – die Mühlpforte 1. Der Autor, der als Mitarbeiter und Hochschullehrer hier drei Jahrzehnte tätig war, zeichnet die Entfaltung dieser Disziplin in Halle und die Baugeschichte des Gebäudekomplexes nach. Besondere Aufmerksamkeit gilt der Flüssigkristallforschung, die 100 Jahre lang ein wichtiges Forschungsthema war. Ausführlich beschrieben wird vor allem die Nachkriegszeit bis zur „Wende", über die der Autor aus eigenem Erleben berichtet. Mit Personenregister, auch als E-Book erhältlich.

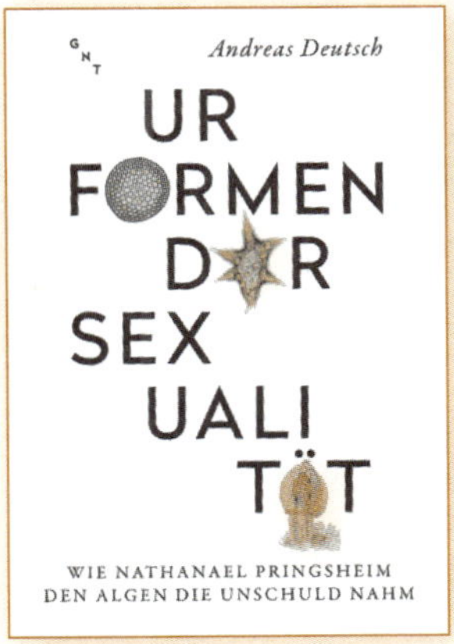

Andreas Deutsch

Urformen der Sexualität – Wie Nathanael Pringsheim den Algen die Unschuld nahm

Pb., 260 Seiten, 160 Farbabb., 24,80 €

ISBN 978-3-86225-142-1

Über den Botaniker und Algenforscher und seine revolutionäre Entdeckung der Sexualität als allgemeines Lebensprinzip. Mit Personen- und Sachregister, auch als E-Book erhältlich.

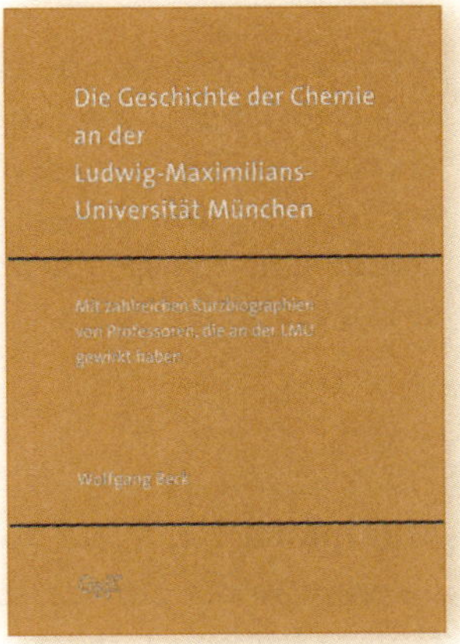

Wolfgang Beck

Die Geschichte der Chemie an der Ludwig-Maximilians-Universität München – Mit zahlreichen Kurzbiographien von Professoren, die an der LMU gewirkt haben

Hardcover, 296 Seiten, 57 Abb., 34,80 €

ISBN 978-3-86225-141-4

Zeitgeschichtliche Dokumentation eines Weltzentrums der modernen Chemie. Mit Personenregister, auch als E-Book erhältlich.

Vera Keiser (Hrsg.)

Radiochemie, Fleiß und Intuition – Neue Forschungen zu Otto Hahn

Hardcover, 504 Seiten, 118 Abb., 34,00 €

ISBN 978-3-86225-113-1

Beiträge anlässlich des 50. Todestages von Otto Hahn und Lise Meitner und des 80. Jahrestages der Entdeckung der Kernspaltung. Mit Personenregister, auch als E-Book erhältlich.

DIE WERKE DER INTERNATIONALEN REIHE SIND EINE HOMMAGE AN AUSGEZEICHNETE FORSCHUNG, ERZÄHLEN LEHRREICH UND ANREGEND,WIE SIE GELANG, UND WOLLEN DIE NÄCHSTEN GENERATIONEN FÜR DIE ZUKUNFT INSPIRIEREN.

DIE BUCHREIHE „LEBENSWERKE IN DER CHEMIE“ ERHIELT EINE GOLDPRÄMIERUNG DER STIFTUNG BUCHKUNST UND GEHÖRT DAMIT ZU DEN „SCHÖNSTEN DEUTSCHEN BÜCHERN“.

L–C LEBENSWERKE IN DER CHEMIE

L-I-C.ORG

BISLANG IN DER REIHE ERSCHIENEN:

GÜNTHER MAIER
DAS WAR'S – ERINNERUNGEN EINES DOKTORVATERS (2021)

GERHARD ERTL
MEIN LEBEN MIT DER WISSENSCHAFT (2021)

HENRI BRUNNER
BILD UND SPIEGELBILD: KLEINER UNTERSCHIED – GROSSE AUSWIRKUNGEN (2021)

DIETER OESTERHELT UND MATHIAS GROTE
LEBEN MIT LICHT UND FARBE – EIN BIOCHEMISCHES GESPRÄCH (2022)

STEPHEN B. H. KENT
INVENTING SYNTHETIC METHODS TO DISCOVER HOW ENZYMES WORK (2022)

FRANZ EFFENBERGER
VON AROMATEN UND HETEROCYCLEN ZUR BIO- UND NANOTECHNOLOGIE (2023)

GERHARD ERTL
MY LIFE WITH SCIENCE (2023)

HORST KESSLER
NMR: MEIN KOMPASS IN DER ORGANISCHEN UND MEDIZINISCHEN CHEMIE (2024)

LARRY E. OVERMAN
DESIGNING SYNTHETIC METHODS AND NATURAL PRODUCTS SYNTHESIS (2024)

HUBERT SCHMIDBAUR
FROM CHEMICAL CRAFTSMANSHIP TO THE ART OF GILDING ATOMS (2024)

KATHARINA KOHSE-HÖINGHAUS
BURNING FOR SCIENCE–A WOMAN IN A TECHNICAL FIELD (2025)

SIGRID PEYERIMHOFF
AB INITIO – EIN LEBEN FÜR DIE QUANTENCHEMIE (2025)

ALBERT ESCHENMOSER
PRIZES ARE GOOD BUT DISCOVERIES ARE BETTER (2025)

RYOJI NOYORI
RESEARCH SHOULD BE FRESH, SIMPLE, AND CLEAR (2025)

KLAUS MÜLLEN
DIE CHEMIE MUSS STIMMEN (2025)

Reaktionen

Aber wie kam Günther Maier darauf, ... auf den ersten Blick „nutzlose“ Moleküle zu erforschen? ... All dies wird auf spannende und unterhaltsame Weise beschrieben. ... Tatsächlich ist das Buch eine Hommage an die zahlreichen Doktoranden. ... In seinem Buch schildert er, wie sich aus ersten Experimenten, ohne Unterstützung durch Spektroskopie und Computersimulation, ein reiches Arbeitsgebiet entwickelt hat.

Wolfram Sander, **Bochum, in** ***Angewandte Chemie***

Dieses Buch ist ein *pageturner*. ... Ist daher aus meiner Sicht eine exzellente, kurzweilige Lektüre nicht nur für all diejenigen, die sich für Wissenschaftsgeschichte im Allgemeinen und Gerhard Ertl im Besonderen interessieren.

Melanie Schnell, **Hamburg, in** ***Angewandte Chemie***

Henri Brunner lässt den Leser sowohl an den Schwierigkeiten, ein eigenes Forschungsthema zu etablieren, teilhaben als auch an den Erfolgen, die ihn in Windeseile als Ordinarius an die Universität Regensburg führten. Er beschreibt die Chancen und Gestaltungsmöglichkeiten beim Aufbau des Chemiestudiengangs sowie die Sorgen und Freuden des Lehrstuhlinhabers.

Doris Kunz, **Tübingen, in** ***Angewandte Chemie***

Das Bakteriorhodopsin (BR) steht im Mittelpunkt des neuesten Bands der wunderbaren Reihe „Lebenswerke in der Chemie“. ... Oesterhelts Autobiografie schildert seinen Lebensweg, nicht nur den wissenschaftlichen, sondern auch den privaten. Aus allem spüren die Leser:innen den Enthusiasmus und die menschliche Wärme ...

Ferdinand Hucho, **Berlin, in** ***BIOspektrum***

Kents Motivation war es, einen Beitrag zum Verständnis der enzymatischen Katalyse zu leisten ... Als Modell hierfür diente ihm die HIV-1-Protease, als Methode die von ihm entwickelte „Native Protein Ligation“. Ein Fest für jeden Chemiker, die entsprechenden Kapitel seiner Autobiografie zu lesen!

Ferdinand Hucho, **Berlin, in** ***BIOspektrum***

Die Reihe will außerdem das Schöne und die Naturwissenschaften verbinden und die Leserschaft auch emotional packen. ... Und das Ergebnis ist bestechend!

Silvia Werfel, **Leipzig, in** ***bindereport***

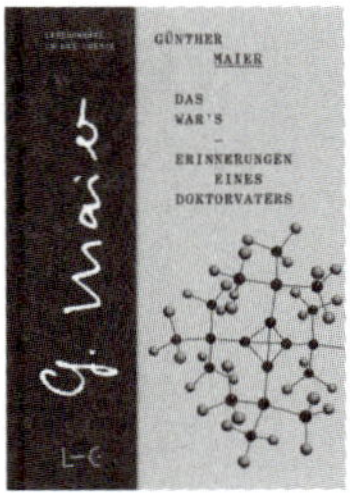

312 PP.
170 FIGS.
39,80 €
L-I-C.ORG/1125

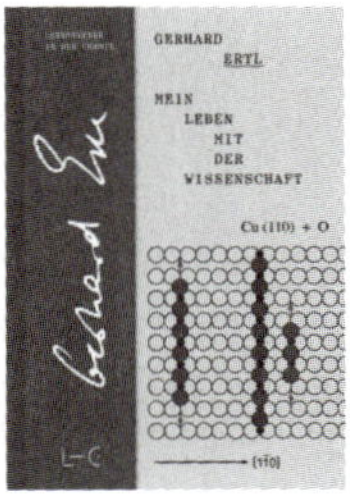

172 PP.
85 FIGS.
34,80 €
L-I-C.ORG/1126

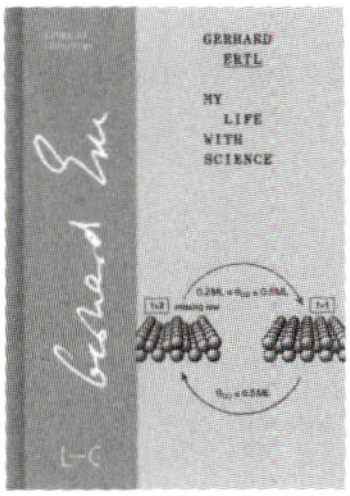

196 PP.
98 FIGS.
39,80 €
L-I-C.ORG/1131

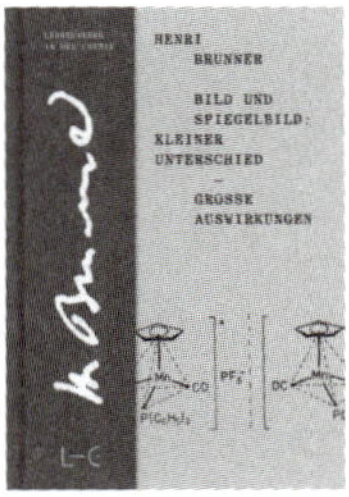

296 PP.
261 FIGS.
39,80 €
L-I-C.ORG/1127

288 PP.
82 FIGS.
39,80 €
L-I-C.ORG/1128

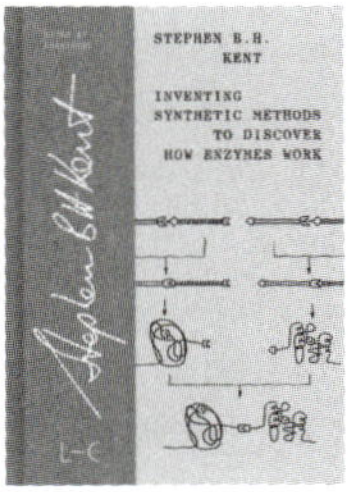

336 PP.
267 FIGS.
39,80 €
L-I-C.ORG/1129

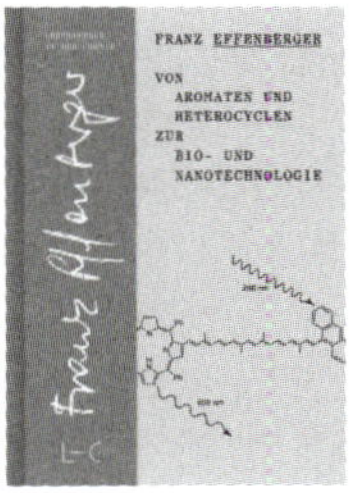

268 PP.
231 FIGS.
39,80 €
L-I-C.ORG/1130

300 PP.
239 FIGS.
39,80 €
L-I-C.ORG/1132

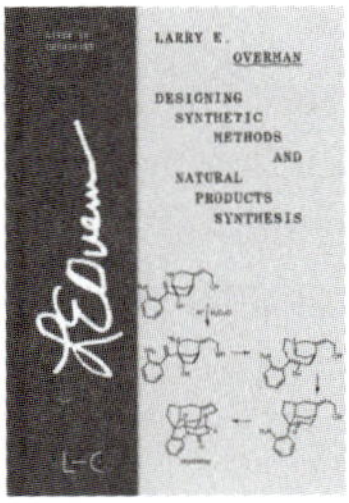

247 PP.
225 FIGS.
39,80 €
L-I-C.ORG/1133

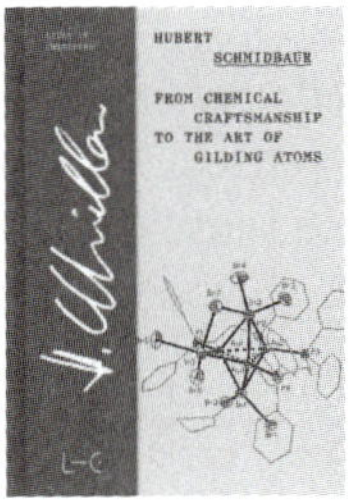

282 PP.
266 FIGS.
39,80 €
L-I-C.ORG/1134

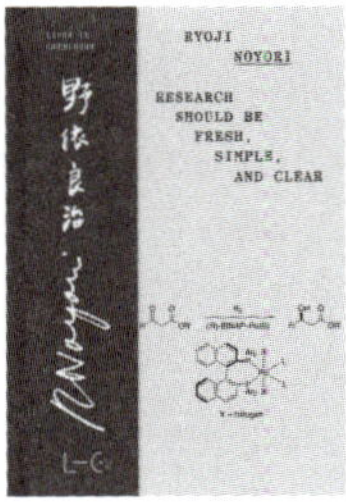

346 PP.
316 FIGS.
39,80 €
L-I-C.ORG/1135

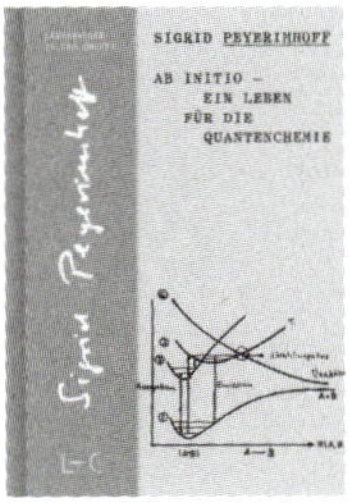

202 PP.
80 FIGS.
39,80 €
L-I-C.ORG/1138

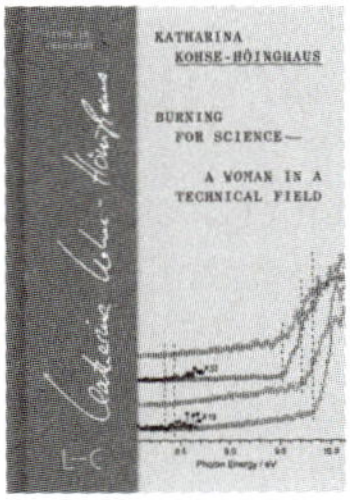

314 PP.
227 FIGS.
39,80 €
L-I-C.ORG/1137

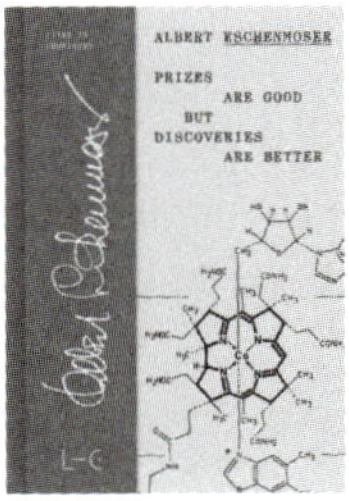

348 PP.
339 FIGS.
39,80 €
L-I-C.ORG/1136

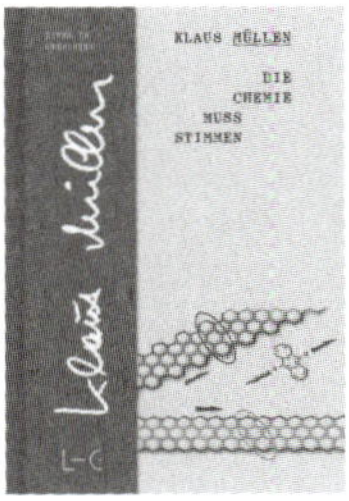

314 PP.
230 FIGS.
39,80 €
L-I-C.ORG/1139

ausgezeichnet von der stiftung buchkunst ·
eines der schönsten deutschen bücher

BESTELLUNGEN

direkt beim Verlag, über jede Buchhandlung oder online.

Alle Titel sind auch als E-Book erhältlich.

GNT Publishing GmbH
Lasiuszeile 2, 13585 Berlin
Telefon +49 (0)30 375 88 571
Telefax +49 (0)5441 594 7979
info@gnt-verlag.de
www.gnt-verlag.de